U0336154

高职高专机电工程类规划教材

模具课程设计指导

主　编　梅　伶
副主编　徐盛学
参　编　闫　玲

机械工业出版社

本书简述了模具课程设计目的、任务、基本过程、设计注意事项、常见模具设计方法及特点，详细叙述了冷冲模具、塑料模具设计的基本要点和范例，并汇编冷冲压件和塑料件 60 套图样，供学习者选择练习。书中还简要介绍了常用模具设计软件，供学习者参考选用。本书最后汇编了模具设计所需的常用标准和相关资料，供学习者设计练习时方便查找。

本书内容浅显易懂，图文并茂，特别适合于初学者。它既有简单的理论指导，又有实例参考，实用性强；它既有设计题目供读者由浅入深开始设计工作，又有基础资料可供查用，解决了初学者不知如何选择设计课题，不知道从何处查找资料两大难题。

本书是针对应用型本科院校、高等职业院校及中专、技校模具专业编写的，也可为有意从事模具设计的工程技术人员提供良好的入门指导。

图书在版编目（CIP）数据

模具课程设计指导/梅伶主编. —北京：机械工业出版社，2006. 12
（2017. 7 重印）
高职高专机电工程类规划教材
ISBN 978-7-111-20504-3

I. 模… Ⅱ. 梅… Ⅲ. 模具—设计—高等学校：技术学校—教材
Ⅳ. TG76

中国版本图书馆 CIP 数据核字（2006）第 150568 号

机械工业出版社（北京市百万庄大街 22 号　邮政编码 100037）
策划编辑：王海峰　责任编辑：王海峰　葛晓慧
版式设计：霍永明　责任校对：张晓蓉
责任印制：李　飞
北京富生印刷厂印刷
2017 年 7 月第 1 版第 11 次印刷
184mm×260mm · 11.5 印张 · 281 千字
标准书号：ISBN 978-7-111-20504-3
定价：28.00 元

前　言

　　各院校模具专业教学计划中，在前期已经完成工程制图、机械设计基础、冷冲模具设计、塑料模具设计、模具 CAD 等课程的学习后，一般都安排几周的模具课程设计。模具课程设计目的是巩固理论知识，训练学生的设计能力、创新能力、知识综合应用能力，全面提高学生综合素质。

　　本书作者长期从事模具专业的教学和实践，深知第一次完成一套模具设计对于初学者来说，难度很大。编写此书目的就是帮助初次从事模具设计人员完成他们第一个作品。本书编者力图使全书通俗易懂，方便读者学习。

　　书中编有系统的模具设计要点、完整的典型模具设计实例、充足的设计课题题库、清晰的设计绘图技巧、一定的设计资料，可方便初学者依据自己的知识基础和兴趣在图库中，由浅入深地选择设计课题，并借鉴实例和设计要点，采用合适的设计手段完成一套模具设计。

　　全书由梅伶主编。全书共有 5 章，其中第 2 章的 2.1 节和 2.2 节，第 3 章的 3.1 节、3.2 节、3.3 节由梅伶编写；第 4 章由徐盛学编写；第 1 章、2.3 节、3.4 节由徐盛学和梅伶共同编写；第 5 章由闫玲和梅伶共同编写。

　　该书得到了广州番禺职业技术学院机电系杨勇主任和广东白云学院机电系的支持和帮助，在此一并表示感谢。由于时间仓促、水平有限，本书难免出现纰漏和错误，敬请读者批评指正，并请将意见发到 ML98098@163.com，不胜感激。

编　者

目　　录

第1章　模具课程设计概述

1.1　模具课程设计的目的、任务和要求

1.1.1　模具课程设计的目的

模具课程设计是在完成冷冲模具设计、塑料模具设计、CAD 软件等相关专业课程学习之后，一个重要的综合训练环节。

1. 模具课程设计的目的

学生通过完成模具课程设计，综合应用和巩固模具设计课程及相关课程的基础理论和专业知识，系统地掌握产品零件的成形工艺分析、模具结构设计的基本方法和步骤、非标准模具零件的设计等模具设计基本方法。

同时，学生应该学会正确运用技术标准和资料，培养认真负责、踏实细致的工作作风和严谨的科学态度，强化质量意识和时间观念，形成从业的基本职业素养。

2. 模具设计与模具课程设计的关系和区别

"模具设计"课程教学重点是讲授零件成形工艺、模具结构设计及相关计算方法等模具设计理论。"模具课程设计"课程教学重点是使学生能通过综合运用相关课程的专业理论知识，参照典型零件模具设计范例，在指导教师的指导下，独立完成选定课题的模具设计训练过程。"模具设计"课程是"模具课程设计"课程的理论基础，"模具课程设计"是"模具设计"课程后续的强化、训练过程，两者相互衔接，缺一不可。

1.1.2　本课程学习的任务

本课程主要完成零件成形工艺规程编制、绘制模具总装图及非标准模具零件图、编写设计说明书。模具课程设计的任务以任务书的形式布置给学生。任务书包括：成形件图样及其技术信息，课程设计的内容及要求，其形式可参见表1-1。

1. 成形件图样及其技术信息

模具课程设计题目为中等复杂程度的成形件，一般来源于生产第一线，满足教学要求和生产实际的要求，详见 2.3 节的冷冲压件图库和 3.3 节的塑件图库。

在任务书中成形件图形必须清晰，技术说明齐全，详细提供零件材料、生产批量、现有设备等技术信息。

2. 课程设计的内容及要求

考虑到课程设计的时间限制，模具课程设计主要是完成：

1）绘制该工件制作所需的模具总装图。

2）绘制该模具的凸模、凹模零件图一套，对于其他非标准件的尺寸和结构只需在说明书中注明，不再要求绘制零件图。

表 1-1 课程设计任务书

课程设计任务书

姓名_____学号_____班级_____

课题名称：

工件图：

见 2.3 节和 3.4 节图库内容

设计要求：1. 绘制该工件制作所需的模具总装图。

2. 绘制该模具的凸模、凹模零件图一套。

3. 编写完善设计说明书。

4. 将说明书和图样装订成册。（按 A4 尺寸装订）

指导教师_____教研室_____时间_____

3）编写、完善设计说明书。

4）将说明书和图样装订成册（按 A4 尺寸装订）。

1.1.3 模具课程设计的要求

1. 知识准备

模具课程设计时，学生必须具备本专业基础知识、模具设计的专业知识；金工实习和生产实习等实践教学环节，也是保证学生顺利进行模具课程设计的必要知识准备。

2. 工具准备

模具课程设计前，学生必须准备好相应资料、手册、图册、绘图工具、图板（或计算机）、图纸、设计计算纸等。

3. 总体要求

树立正确的设计思想，结合生产实际，综合地考虑经济性、实用性、可靠性、安全性及先进性等方面的要求来进行模具设计。

1.2　模具课程设计的一般过程与注意事项

1.2.1　模具课程设计的一般过程

1. 了解课程设计任务

认真阅读课程设计任务书，明确设计要求。通常，要求每个学生有一个独立的设计课题，可依据学生的基础和能力、课程设计任务要求，在指导教师的帮助下确定难度适合的设计课题。

2. 设计准备

了解原始资料：产品样件或零件图、生产批量、材料牌号与规格、现有成形设备的型号与规格等。

3. 成形工艺设计

对指定的产品零件进行工艺设计：包括产品零件工艺性分析及成形方案选择、工艺计算、工艺方案的确定、模具类型和成形设备的选择等，制定成形零件工艺过程卡片。

4. 确定模具设计方案

成形工艺方案论证后，经指导教师认可，结合指定工序，确定模具类型和结构形式，进行必要的设计计算，确定各主要零件结构尺寸。

5. 绘制模具总装图、选取标准件

根据以上步骤的分析、计算、方案论证，画出模具的结构草图，经指导教师确认后，绘制模具总装配图。

6. 绘制非标准件零件图

对于模具的非标准零件，如：冷冲模的凸凹模、塑料模具的成形零件，设计、绘制模具工作部分零件图。

7. 编写设计计算说明书

设计计算说明书包括设计过程中的各项计算、选用依据和分析论证等，是课程设计的总结性技术文件，要求条理清楚，图文并茂，充分表达自己设计中的思想。

1.2.2　模具课程设计时的注意事项

(1) 模具课程设计是比较全面的训练，它的意义在于为今后的设计工作打基础，学生在设计过程中只有严肃认真、刻苦钻研、一丝不苟、精益求精，才能在设计思想、方法和技能各方面都获得锻炼与提高。

(2) 模具课程设计是在教师的指导下由学生独立完成的，学生必须发挥设计的主动性，认真查阅资料，主动积极地思考问题、分析问题、解决问题，而不能仅依靠指导教师给数据、解答案。

(3) 设计中要正确处理原有的参考资料与创新的关系，学生不能盲目地、机械地抄袭资料，必须具体分析各种资料和吸收新的技术成果，运用现代设计方法，创造性的进行设计。

(4) 绘制模具总装图时应注意：

1) 遵守机械制图国家标准的规定，详细可参见第 4 章内容。

2）利用各种图样表达方法，清楚地表达零件之间的相互关系。

3）在图样的右上角应画出工件图，并注明材料、名称、厚度以及必要的尺寸。

（5）绘制凸、凹模零件图。对于凸、凹模零件的工作部分尺寸必须通过正确地计算来确定，并严格控制尺寸公差，以此确保模具精度。对于非工作部分尺寸，则依据相配合零件尺寸确定，注意相互之间的衔接，避免出现相互矛盾的现象。

凸、凹模零件图中，关键部位应标明表面粗糙度和形位公差，材料热处理方式，相应的硬度要求及其他技术要求。

1.3 常用设计方法介绍

总体来说，机械产品设计的常用方法可划分为传统设计方法和现代设计方法两大类。模具设计是根据设计任务要求，运用各种合适的设计方法，经过一系列规划、分析和决策，获得一个满足使用要求的图形、文字、数据等信息的创新过程。随着设计经验的积累，以及科技进步速度日益加快，特别是计算机技术的高速发展，设计领域相继出现了一系列新兴的理论与方法，如：优化设计、可靠性设计、计算机辅助设计等等。为区别于过去常用的传统设计理论与方法，把这些新兴的设计理论与方法统称为现代设计方法。

1.3.1 现代设计方法与传统设计方法的比较

传统设计方法是以经验总结为基础，运用力学和数学或实验而形成的经验、公式、图表、设计手册等作为设计依据，通过经验公式、简化模型或类比改造等方法进行设计。传统设计在设计应用中不断得到完善和提高，是符合当代技术水平的有效方法之一，故模具设计课程中介绍的设计方法大多属于传统设计。现将两类设计方法从以下几个方面进行比较。

（1）系统性 现代设计方法是系统的设计方法，用从抽象到具体的发散的思维方法，以"功能—原理—结构"框架作为模型的横向变异和纵向综合；现代设计方法用计算机构造多种方案，评价选出最优方案。

传统设计方法是经验、类比的设计方法。用收敛性的思维方法，过早地进入具体方案，功能原理分析既不充分又不系统，不强调创新，也很难得到最优方案。

（2）社会性 现代设计开发新产品的整个过程，从产品的概念形成到报废处理的全寿命周期中的所有问题，都以面向社会、面向市场为指导思想进行全面考虑、解决。设计过程中的功能分析、原理方案确定、结构方案确定、造型方案确定，都要随时按市场经济规律进行尽可能定量的市场分析、经济分析、价值分析，以并行工程方法指导企业生产管理体制的改革和新产品设计工作。

传统设计是由专业技术主管指导设计，设计过程中注意技术性，设计试制后进行经济分析、成本核算，很少考虑社会性问题。

（3）创造性 现代设计强调激励创造冲动，突出创新意识，力主抽象的设计构思、扩展发散的设计思维、多种可行的创新方案、广泛深入的评价决策，集体运用创造技法，探索创新工艺试验，不断寻求最优方案。

传统设计一般是封闭收敛的设计思维，过早进入定型实体结构，强调经验类比，直接主观的决策。

（4）最优化　现代设计重视综合集成，在性能、技术、经济、制造工艺、使用、环境等各种约束条件下和广泛的学科领域之间，通过计算机以高效率综合集成最新科技成果，寻求最优方案和参数。

传统设计属于自然优化。在设计—评定—再设计的循环中，凭借设计人员有限的知识、经验和判断力选取较好方案。受人和效率的限制，难以对多变量系统在广泛的影响因素下进行定量优化。

（5）动态化　现代设计在静态分析的基础上，考虑载荷谱、负载率等随机变量，进行动态多变量最优化。根据概率论和统计学方法，针对载荷、应力等因素的离散性，用各种设计方法进行可靠性设计。

传统设计以静态分析和少变量为主，将载荷、应力等因素作集中处理，由此考虑安全系数，与实际工况相差较远。

传统设计是人工计算、绘图，使用简单的工具，设计的精度、稳定性和效率都受限制，修改设计也不方便。

但一般来说，在现阶段，传统设计方法还是模具设计的主体方法。随着计算机和机械设计与分析软件的开发和普及，现代设计方法将会逐渐取代传统设计方法，成为课程设计，乃至于机械产品设计的主体方法。

1.3.2　优化设计

最优化的设计方案、最优化的结构，以最低的成本取得最好的性能是设计者的目标。从数学的观点看，工程中的优化问题，就是求解极大值或极小值问题，即极值问题。所谓优化设计就是借助最优化数值计算方法和计算机技术求取工程问题的最优设计方案。

优化设计包括以下内容：

1）建立数学模型，即将设计问题的物理模型转化为数学模型。建立数学模型包括选取适当的设计变量，建立优化问题的目标函数和约束条件。目标函数是设计问题所要求的最优指标与设计变量之间的函数关系式；约束条件反映的是设计变量取值范围和相互之间的关系。

2）采用适当的最优化方法，求解数学模型。

3）优化设计的数学模型。优化设计是用数学规划理论来求解最优设计方案，首先把工程问题用数学方法来描述，建立一个数学模型。优化设计的数学模型，可写成

求　　　　　　　　　　　$\min F(X) \quad X \in D \in R^n$

s.t.　　　　　　　　　　$g_u(X) \leqslant 0 \quad u = 1, m$

　　　　　　　　　　　　$h_v(X) = 0 \quad v = 1, p$

按已建立的数学模型，可求得问题的最优解：

最优方案　　　　　　　　$X^* = [x1^*, x2^*, \cdots, xn^*]T$

最优值　　　　　　　　　　$F(X^*)$

在数学模型中，X 是设计变量，$F(X)$ 是目标函数，$g_u(X)$、$h_v(X)$ 是约束函数。

模具优化设计就是在给定的设备或环境下，在成形零件的形状、几何尺寸及其他因素的限制（约束）范围内，以满足零件成形工艺的模具结构及尺寸为优化对象，选取设计变量，建立目标函数和约束条件，并使目标函数获得最优。

1.3.3 可靠性设计

可靠性是指产品在规定条件下和规定时间内，完成规定功能的能力。

可靠性设计是以概率论和数理统计为基础，为了保证所设计的产品可靠性而采用的一系列分析与设计技术。它的任务是在预测与预防产品所有可能发生的故障的基础上，使所设计的产品达到规定的可靠性值的目标值。

可靠性设计具有如下特点：

1）可靠性设计法认为作用在零部件上的载荷（在可靠性设计中，凡引起零件失效的因素，包括温度、湿度、腐蚀等均称为载荷）和材料性能等都不是定值，而是随机变量，具有明显的离散性质，在数学上必须用分布函数来描述。

2）由于载荷和材料性能等都是随机变量，所以必须用概率统计的方法求解。

3）可靠性设计法认为所设计的任何产品都存在一定的失效可能性，并且可以定量地反映产品在工作中的可靠程度，从而弥补了常规设计法的不足。

1.3.4 计算机辅助设计（CAD）

计算机辅助设计（CAD）是利用计算机硬件、软件系统辅助人们对产品或工程进行设计的方法与技术，包括设计、绘图、工程分析与文档制作等设计活动，它是一种新的设计方法，也是一门多学科综合应用的新技术。

CAD 涉及以下一些基础技术：

1）图形处理技术，如：自动绘图、几何建模、图形仿真及其他图形输入、输出技术。

2）工程分析技术，如：有限元分析、优化设计及面向各种专业的工程分析等。

3）数据管理与数据交换技术，如：数据库管理、产品数据管理、产品数据交换及接口技术等。

4）文档处理技术，如：文档制作、编辑及文字处理等。

5）软件设计技术，如：窗口界面设计、软件工具、软件工程规范等。

模具课程设计中的 CAD 技术，不是针对模具设计开发或扩展 CAD 软件功能，而是将现有 CAD 软件的功能应用于典型模具设计过程中，将 CAD 技术做为模具设计的工具。

1.4 编写设计计算说明书和准备答辩

1.4.1 设计说明书的作用

设计说明书作为产品设计的重要技术文件之一，是图样设计的基础和理论依据，也是进行设计审核、教师评分的依据。因此，编写设计计算说明书是设计工作的重要环节之一。对于课程设计来说，设计计算说明书是反映设计思想、设计方法以及设计结果等的主要文件，是评判课程设计质量的重要资料。设计计算说明书是审核设计是否合理的技术文件之一，主要在于说明设计的正确性，故不必写出全部分析、运算和修改过程。但要求分析方法正确，计算过程完整，图形绘制规范，语句叙述通顺。

从课程设计开始，设计者就应随时逐项记录设计内容、计算结果、分析见解和资料来源。每一设计阶段结束后，随即整理、编写出有关部分的说明书，课程设计结束时，再归纳、整理，编写正式说明书。

1.4.2　设计说明书的内容格式

1. 封面
说明书封面格式可参考表1-2。

表 1-2　模具课程设计说明书封面

装订线	模具课程设计计算说明书 设计课题：_____ 班级：_____ 学号：_____ 指导教师：_____ 完成时间：_____ （学校名称）

2. 前言
前言主要是对设计背景、设计目的和意义进行总体描述，让读者对该设计说明书有一个总的了解。

3. 目录
目录应列出说明书中的各项标题内容及页次，包括设计任务书和附录。

4. 设计任务书
设计任务书一般包含设计要求、使用条件、图样及主要设计参数等。

5. 说明书正文
说明书正文格式可参考见表1-3。

表 1-3　模具课程设计说明书正文格式

	设计项目	设计过程	设计结果
装订线			

说明书正文内容包括：制件成形工艺规程，拟定零件的工艺性分析（零件的作用、结构特点、结构工艺性、关键部位技术要求分析等），制订零件成形工艺规程；制件工艺计算（制件成形工艺计算包括：排样计算、毛坯尺寸计算、工艺力计算等）；模具总装图结构确定、论证、描述；非标准件的结构形状和尺寸公差等计算、确定；标准件的选用。

6. 其他需要说明的内容及设计心得体会

7. 参考文献

文献前编排列序号，以便正文引用。

1.4.3 设计说明书的要求

说明书要求内容完整，分析透彻，文字简明通顺，计算结果准确，书写工整清晰，并按合理的顺序及规定的格式编写。计算部分只须写出计算公式，代入有关数据，即直接得出计算结果，不必写出全部运算及修改过程。

编写设计计算说明书应注意：

1）设计说明书应按内容顺序列出标题，做到层次清楚，重点突出。计算过程列出计算公式，代入有关数据，写出计算结果，标明单位，并写出根据计算结果所得出的结论或说明。

2）引用的计算公式或数据要注明来源，主要参数、尺寸、规格和计算结果，可在每页右侧计算结果栏中列出。

3）为清楚地说明计算内容，说明书中应附有必要的简图（如总体设计方案图、零件工作简图、受力图等）。

4）设计说明书要用钢笔或用计算机按规定格式书写或打印在 A4 纸上，按目录编写内容、标出页码，然后左侧装订成册。

1.4.4 答辩准备

答辩是课程设计教学过程的最后环节，准备答辩的过程也是系统回顾、总结和学习的过程。总结时应注意对以下方面深入剖析：总体方案、受力分析、材料选择、工作能力计算、主要参数及尺寸确定、结构设计、设计资料和标准的运用、工艺性和使用维护性等。全面分析所设计模具的优缺点。

在做出系统总结的基础上，通过答辩，找出设计计算和图样中存在的问题和不足，把还不甚清晰或尚未考虑到的问题分析理解清楚，深化设计成果，使答辩过程成为课程设计中继续学习和提高的过程。

通过课程设计答辩，教师可根据设计图样、设计说明书和答辩中回答问题的情况，并考虑学生在设计过程中的表现，综合评定成绩。

第 2 章 冷冲压模具设计

2.1 冷冲压模具概述

2.1.1 冷冲压模具的分类

1. 按冲压工序来分类

按冲压工序分类的冷冲压模具，如图 2-1 所示。

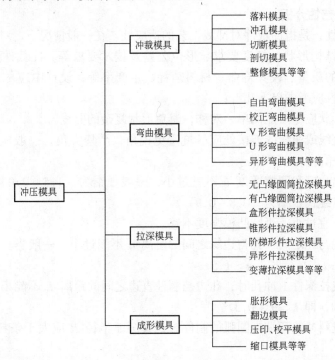

图 2-1 冲压模具类型

2. 按工序组合程度来分类

按工序组合程度可分为简单模、复合模、级进模三类，三种类型模具的特性比较见表 2-1，设计者可以根据产品的设计需要选择冷冲压模具的类型。

表 2-1 简单模、复合模、级进模比较

类别	工作状况	工作精度	模具结构	生产率	模具寿命	模具成本
简单模	完成一个工序		简单	低	低	低
复合模	同时完成几个工序	较高	较复杂	高	较高	较高
级进模	连续完成几个工序	高	复杂	高	高	高

3. 按模具有无导向装置和导向方法来分类

按模具有无导向装置和导向方法可分为无导向的开式模和有导向的导板模、导柱模。

4. 按送料、出件及排除废料的自动化程度来分类

按送料、出件及排除废料的自动化程度可分为手动模、半自动模和自动模。另外，按送料步距方法不同可分为挡料销式、导正销式、侧刃式等模具。按卸料方法不同可分为刚性卸料式和弹性卸料式等模具。按凸、凹模材料不同可分为钢模、硬质合金模、钢带冲模、锌基合金模、橡皮冲模等。按冲裁件质量的高低可分为精密冲模和普通冲模。按模具体积大小可分为小型模具、中型模具、大型模具。

对于一副冲模，上述几种特征可能兼有，如：导柱导套导向、固定卸料、侧刃定距、中型、精密的冲孔落料级进模。

2.1.2 冲压件的主要工艺性分析

1. 冲裁件的工艺性分析

冲裁件的工艺性，是指冲裁件对冲裁工艺的适应性。在一般情况下，对冲裁件工艺性影响最大的是制件的结构形状、精度要求、形位公差及技术要求等。冲裁件的工艺性合理与否，影响到冲裁件的质量、模具寿命、材料消耗、生产率等，设计中应尽可能提高其工艺性。冲裁件的工艺性应考虑以下几点：

1）冲裁件的形状应尽可能简单、对称，避免形状复杂的曲线。

2）冲裁件各直线或曲线的连接处应尽量避免锐角，严禁尖角，一般应有 $R > 0.5t$（t 为料厚）以上的圆角。

3）冲裁件凸出悬臂和凹槽宽度 b 不宜过小，一般硬钢为（1.5~2.0）t，黄铜、软钢为（1.0~1.2）t，纯铜、铝为（0.8~0.9）t。

4）冲孔尺寸不宜过小，否则凸模强度不够。

5）冲裁件的孔与孔之间、孔与边缘之间的距离 a 不能过小，一般当孔边缘与制件外形边缘不平行时，$a \geqslant t$；平行时，$a \geqslant 1.5t$。

6）在弯曲件或拉深件上冲孔时，孔边与制件直边之间的距离 L 不能小于制件圆角半径 r 与一半料厚 t 之和，即 $L \geqslant r + 0.5t$。

7）用条料少废料冲裁两端带圆弧的制件时，其圆弧半径 R 应大于条料宽度 B 的一半，即 $R \geqslant 0.5B$。

8）冲裁件的经济精度不高于 IT11，一般要求落料件精度最好低于 IT10，冲孔件精度最好低于 IT9。

2. 弯曲件的工艺性分析

弯曲件的工艺性影响到工艺过程的简化、弯曲件精度的提高及原材料的节约。因此，只有在特殊情况下，而且工艺上采取特定的保证措施后，才允许弯曲件设计超出工艺要求。弯曲件的结构工艺性应满足以下要求：

1）弯曲件的形状与尺寸应尽量对称，否则不易保证尺寸精度。

2）弯曲件的最小弯曲半径不得小于各种材料所许可的最小弯曲半径，否则会使变形区外层材料弯裂。

3）当弯曲成 90°时，为保证弯边有足够的变形稳定，弯曲件的直边高度不宜过小，其

值应为 $H > 2t$。若 $H < 2t$，则需预先压槽或加高直边，弯曲后切掉多余部分。

4）如弯边在弯曲件内侧局部弯边，则应事先在落料制件上加冲工艺孔或工艺槽，以防止弯曲处撕裂。

5）孔与弯曲部位的最小距离：有孔的毛坯在弯曲时，如果孔位于弯曲区附近，弯曲时孔会变形。为了避免这种缺陷出现，必须使这些孔分布在变形区之外。孔边到弯曲半径 r 中心的距离 s 为 $s \geq t$（$t < 2mm$），$s \geq 2t$（$t \geq 2mm$）（t 为坯料厚度）。

6）边缘有缺口的弯曲件，要在缺口处留出连接带，待弯曲成形后，再把它切除，否则会出现叉口现象，严重时无法弯曲成形。

3. 拉深件的工艺性分析

1）拉深件的形状应尽量简单、对称。除在结构上有特殊需要外，一般拉深件必须避免异常复杂及非对称形状，尽量避免曲面空心零件的尖底形状，拉深部分深度应尽量小。

2）对于有凸缘的筒形件，凸缘的外廓最好与拉深部分的轮廓形状相似，凸缘宽度尽可能保持一致，并避免凸缘半径太大。比较合适的凸缘宽度为：$d + 12t \leq d_1 \leq d + 25t$（$d_1$ 为凸缘直径；d 为制件拉深部分直径；t 为板料厚度）。

3）拉深件的圆角半径对拉深过程有很大的影响，为了使拉深顺利进行，在设计拉深件时应注意圆角半径不能过小，应满足 $r_1 \geq t$，$r_2 \geq 2t$，$r_3 \geq 3t$（r_1 为拉深底部内侧圆角半径；r_2 为凸缘内侧圆角半径；r_3 为拉深周边内侧圆角半径）。

4）对于半敞开及非对称的空心件，宜采用成对拉深。

5）在拉深件上冲孔时，应注意孔的位置，为保证能将孔顺利冲出，有关尺寸应符合下列关系 $h > 2d + t$，$D_1 \geq (d_1 + 3t + 2r_2 + d_2)$，$d \leq d_1 - 2r_1 - t$（$h$ 为拉深件上侧孔定位高度；d_1 为拉深件内孔直径；d_2 为拉深凸缘上孔直径；D_1 为拉深凸缘上孔的中心直径）。

6）不变薄拉深件的厚度允许有一定量的改变，多次拉深件在其外壁或凸缘表面允许有多次拉深产生的连接印痕。

7）在一般情况下，不要对拉深件的尺寸公差要求过严，一般圆筒形件可达到 IT8 ~ IT10，对于异形拉深件一般要低 1 ~ 2 级。

2.2　冷冲压模具设计实例

2.2.1　冲模设计程序与要点

1. 冲模设计程序

（1）确定冲压工艺方案和模具结构形式　工艺方案的制定是冲压生产中非常重要的一项工作，对于产品质量、劳动生产率、工人的劳动强度和生产安全性都有重要影响。制定工艺方案时，应以产品图样、现有生产条件为出发点，尽量采用国内外先进技术，并对各种可能采用的加工方案进行分析、比较，以制定出最合理的工艺方案。制定工艺方案的内容和步骤如下：

1）分析制件的冲压工艺性。在确定工艺方案前，应根据产品图样，对冲压件的形状特点、尺寸大小、技术要求、所用材料等是否符合冲压工艺要求进行分析，必要时可对产品设计提出合理的修改意见。

2）分析比较和确定工艺方案。根据制件的结构形状，按各工序的变形性质和应用范围确定工序的性质。在一般情况下，可以从零件图上直接看出所需工序的性质，有时还需通过计算才能确定。在此基础上充分考虑各类工序有无合并的可能性，以确定工序的数目，并据材料的变形规律、制件的精度及定位要求合理安排工序的顺序，要注意前后工序不应互相妨碍，以保证制件的质量要求。

3）确定冲模类型及结构形式。根据确定的工艺方案及生产批量、生产条件、制件的形状特点等确定模具的类型及结构形式。

4）选择冲压设备。根据制件的工艺性质和采用的方案，选择冲压设备的类型，并按照冲压加工所需的总冲压力和零件尺寸，选定冲压设备的吨位。

（2）工艺计算　在确定工艺方案的过程中，应对毛坯展开尺寸、排样方法、材料利用率、各种冲压力、模具压力中心、凸凹模的工作部分尺寸等进行计算，以合理确定模具的结构形式，并对某些模具进行必要的特殊工艺计算。

（3）模具总体设计　在完成上述计算的基础上，进行模具结构的总体设计。在设计时应考虑到凸凹模的结构形式、制件的定位方式、送料方式、卸料及顶料机构的结构、模具的导向方式等，并确定冲压设备、模具的闭合高度和模具的安装方式。

综合上述设计结果，绘制出模具总装图。总装图应有足够说明模具构造的投影图及必要的断面图、剖视图。总装图主要包括：

1）主视图。绘制模具在工作位置（也可在开起状态）的剖视图，表达各零件间的相互关系。

2）俯视图。一般是绘制下模部分的俯视投影视图，也可以一半绘制上模从上到下（包括下模）的投影视图，另一半只绘制下模投影视图。

3）侧视图、仰视图、局部剖视图。这些视图只有在主、俯视图未表达清楚时才绘制。

4）制件图。在绘制模具总装图时，一般在其右上角绘制制件图（或本工序的工序图），应标明尺寸、公差、材料、厚度及要求，以便试模时检查制件。

5）排样图。对于落料模、尤其是级进模应绘制排样图。排样图一般绘制在制件图旁或下面。

在模具总装图中，必须注明必要的尺寸，如模具闭合高度、轮廓尺寸、压力中心及靠装配保证的有关尺寸和精度、模具间隙等，说明所选用的冲压设备型号，填写详细的零件明细表和技术要求。

（4）非标准零件设计　在模具总体方案确定以后，就要进行有关非标准零件的设计。它主要有凸模、凹模的设计，卸料弹簧（橡胶）的选择，推杆长度、卸料螺钉长度和卸料螺钉窝的尺寸确定，垫板、凸模固定板等零件的尺寸计算等。在确定这些尺寸时，要注意使模具的闭合高度与所选的压力机的闭合高度相符。

（5）冲模标准模架和零件

1）模架已有国家标准，一般不用自行设计，只要选用即可。

2）模柄虽有国家标准，但在实际中选用的却不够多，一般需自行设计。

2. 冲压模具设计要点

（1）冲裁模设计要点

1）冲裁材料的经济性。冲裁件的材料占总成本的60%以上，尤其对于一些非铁金属及贵重金属制件，更应考虑材料的经济性。

①确定供料形式。冲压件供料可为条料、带料或单个坯料等。确定供料形式应根据模具结构、制件形状、大小、生产批量、供料条件等因素，使材料的利用率最高。

②合理选择排样形式。排样形式的选择正确与否，直接影响材料的利用率，应认真考虑确定。

③注意材料的纤维方向，确保冲裁件在多种变形条件下的质量。

④考虑模具冲压时的送料方式。送料方式不同，搭边值的选用也不同，从而影响了材料的利用率。

2）冲裁件精度保证。冲裁件的精度主要决定于模具的制造精度与装配精度。同时应注意当冲裁件的精度要求过高，普通冲裁模保证不了精度要求时，应考虑增加整修工序和光洁冲裁等。当制件毛刺有方向要求时，如果模具结构设计受到限制，要特别注意保证冲裁件的技术要求。

3）压力机的选用。压力机选用的依据主要是冲压工艺的性质、生产批量的大小、模具的外形尺寸以及工厂现有设备等情况。压力机的选用包括选择压力机类型和确定压力机规格两项内容。

压力机的冲压力要留有充分的余地，使完成冲裁过程各种力之和最好在压力机额定能力的 70% ~ 80% 以内，并保证操作方便、安全。模具的闭合高度和压力机的闭合高度要相适应，压力中心原则上应与压力机中心一致。

4）冲压件出模形式。一般有上出件和下出件两种。下出件为制件从凹模孔中落下，制件不够平整，且由于弹性变形程度大，而使制件精度受到影响。上出件是指制件被凹模内设置的弹顶装置推出凹模洞口，制件较为平整，精度较高。

5）废料排除。在冲裁过程中，有可能出现废料（制件）回升或废料（制件）堵塞的现象，这种现象的产生，轻者会使凹模被挤裂，重者会造成事故。因此，应注意及时排除废料（制件）。在生产中可从以下几方面着手解决：

①加大漏料孔的直径，使废料（制件）排除通畅无阻。

②加装顶料机构，顶料机构的刚性要好，并且尽量使其作用在废料或制件的中心位置。

③应避免制件与废料混合在一起，防止不必要的清理工作。

④采用连续冲压时应考虑废料的集存。

6）凸凹模结构设计。凸凹模是模具的重要构件，应避免出现薄弱环节，确保其有足够的强度。应注意便于刃磨与维修，细小凸模应注意采用辅助导向加以保护。

7）定位。坯料在模具中的定位设计，用以保证坯料在冲裁和成形前具有正确的位置，是模具设计的重要内容之一。定位机构必须精确、有效，便于操作，不仅要考虑坯料的静态定位，必要时还要考虑冲压过程中的动态定位。单个工序件的坯料定位主要有定位板、定位销等，坯料的定位常用挡料销、导料板（导尺）、侧压板（块）和侧刃等。在级进模中，为了满足较高精度的定位，常在粗定位的基础上，再采用导正销实现精定位。

8）导向。模具导向应当合理，尤其是冲薄料的小间隙冲模、生产批量很大的冲裁模，其导向机构尤其重要，是提高模具寿命的关键。

（2）弯曲模设计要点

1）坯料和工序安排

①弯曲坯料应使弯曲工序的弯曲线与材料纤维方向垂直，或成一定的夹角。

②在弯曲时，应使坯料的冲裁断裂带处于弯曲件的内侧。

③弯曲工序一般应先弯外端弯角，后弯内角，且前次弯曲必须为后次弯曲留有可靠的定位基准，后次弯曲不应影响前次弯曲的精度。

④非对称弯曲件应尽可能采用成对弯曲。

2）弯曲过程中防止坯料偏移和冲件变形的措施。为防止弯曲过程中材料发生偏移，可采取以下措施：

①弯曲前，坯料应有一部分处于弹性压紧状态，然后，再进行弯曲，从而防止毛坯的滑动。

②弯曲过程中，尽量采用内孔定位，使毛坯无法移动。

③将不对称形状弯曲件组合成对称弯曲件弯曲，使板料弯曲时受力均匀，不容易产生偏移。

为防止制件在弯曲过程中的变形，在模具结构设计时应防止出现局部较明显的变薄与划伤，尤其是在多角同时弯曲时。模具设计则应力求使多角弯曲不同时进行，分别有一定的时间差；当模具弯曲到下止点时，应尽量有校正弯曲的效果；模具结构设计应充分考虑到制造与修理中能够消除制件回弹的可能，并采取一定的措施抵消该侧向力。

弯曲模应充分考虑模具具有足够的自身刚性，增强模具有关零件的刚度，以合理的模具结构保证制件精度，是提高模具寿命的重要环节。

（3）拉深模设计要点

1）选择和确定拉深模结构时，应根据压力机和零件形状不同，来确定应使用的不同拉深模结构形式。如对于一般中小型浅盒形件，可以采用落料—拉深复合模结构；对于小型筒形件及矩形件在需要多次拉深时，一般应设计连续拉深模结构。

2）拉深工艺计算要准确，尤其是多次拉成的制件，拉深次数、各次拉深的确切尺寸应满足拉深变形工艺的要求，否则，模具加工得再好也难以拉深成形。

3）为使制件不紧贴在凸模上而难于取下，拉深凸模要设计有通气孔，便于制件在拉深后从凸模上退下，通气孔的直径应大于 3mm。

4）对于多次拉深的凸模，其高度往往较大，对于凸模的安装稳定性、垂直度均应有更高的要求，这对于保证顺利地进行拉深及获得高品质的拉深件是十分重要的。

5）拉深工序是材料进行塑性变形的加工。为此，对凸凹模、压边圈要求有足够的硬度、耐磨性外，还要有更细的表面粗糙度，其表面应当光滑，圆角部位应有良好的圆滑过渡。为了不损坏工作表面，凹模及压边圈螺孔均不得钻透，凹模一般最好不采用销钉定位（凹模与模座多采用止口配合）。

6）对于带凸缘的拉深件，在设计拉深模时，其制件的高度取决于上模的行程，为便于模具调整，最好在模具中设置限位器。

7）在设计落料拉深复合模时，落料凹模的高度应高出拉深凸模的上平面，一般约为 2～5mm，以利于冲裁与拉深工序分别进行，也使冲裁刃口有足够的刃磨余量，提高模具寿命。

8）拉深模对压力机的行程有较高的要求，尤其对于拉深较高的制件，其压力机行程必须大于 2 倍拉深件的高度，否则制件无法从模具中取出。

9）在设计拉深模时，要合理地选择压边装置。压边圈设计的好坏对拉深成败关系甚大，一般第一次拉深多采用平面压边圈。当第一次拉深的相对坯料厚度（$t/D \times 100$）小于0.3mm，而且制件为小凸缘，凹模圆角半径 R 较大时，可采用带圆弧的压边圈，以增加压边效果，使拉深能自始至终地顺利进行。

在拉深一些宽凸缘的制件时，压边圈与坯料的接触面积应当减小，否则，会给拉深带来过大的阻力，使拉深件无法拉入凹模，为此往往对压边圈的型面作必要的改进。

对于一些拉深高度较高的制件，为保持在拉深全过程中有较均衡的压边力，压边圈还要再设计限位装置。

在双动压力机上拉深时，其压边力是利用压力机外滑块实现的，这种压边力的特点是，在拉深过程中压边力不变，其拉深效果好，模具结构简单。

10）在多次拉深时，以后各次拉深的压边圈与成形压边圈，它的外形与前次拉深凸模一样，而内形与本次凸模为间隙配合，它除了具有压边功能外，又是本次拉深的定位元件，为此，对其内外的位置精度要有足够的要求。

（4）复合冲模设计要点

1）复合模中必定有一个（或几个）凸凹模，凸凹模是复合模的核心零件。当采用复合模冲压时，其复合工序之间不存在再定位误差，所以冲制的制件精度相对于单工序模具冲出的精度要高，一般冲裁的制件精度可达到 IT10～IT11。

2）复合模冲出的制件均由模具型口中推出（一般称上出件），所以制件比较平整。

3）复合模结构比较复杂，各种机构都围绕模具工作部位设置，所以其闭合高度往往偏高，在设计时尤其要引起注意。

4）复合模的成本偏高，制造周期偏长，一般适合生产较大批量的冲压件。

5）设计复合模时要确保凸凹模的自身强度，尤其要注意凸凹模的最小壁厚。当设计凸凹模结构，其壁厚等于或接近最小值时，可以在有效刃口以下部位适当加大尺寸，以增强凸凹模的强度。

6）复合模的推件装置结构形式有多种，在设计时应注意打板及推块活动量要足够，而且两者的活动量应当一致，模具在开起状态推块应露出凹模面 0.2～0.5mm。

7）复合模中适用的模柄结构有多种形式，压入式、旋入式、凸缘式、浮动式等均可选用，应保证模柄装入模座后配合良好，有足够的稳定性，不能因为为设置退料机构而降低模柄强度，或过多增大模具闭合高度。

（5）级进模设计要点

1）排样图设计时要考虑的原则

①要保证产品制件的精度和使用要求及后续工序的冲制需要。

②工序应尽量分散，以提高模具寿命，简化模具结构。

③要考虑生产能力和生产批量的匹配，当生产能力较生产批量低时，则力求采用双排或多排，使之在模具上提高效率。同时要尽量使模具制造简单，提高模具使用寿命。

④高速冲压的级进模，当用自动送料机构送料时，用导正销精确定距；当手工送料时则多用侧刃粗定位，用导正销精确定距。为保证条料送进的步距精度，第一工位安排冲导正孔，第二工位设导正销，在其后的各工位上优先在易窜动的工位设置导正销。

⑤要抓住冲压件的主要特点，认真分析冲压件形状，考虑好各工位之间的关系，确保顺

利冲压，对形状复杂、精度要求特殊的冲压件，要采取必要的措施加以保证。

⑥尽量提高材料利用率，使废料达到最小限度。对同一冲压件利用多行排列或双行穿插排列，以提高材料利用率。

⑦适当设置空位工位，以保证模具具有足够的强度，并避免凸模安装时相互干涉，同时也便于试模、调整工序时用。

⑧必须注意各种产生条料送进障碍的可能，确保条料在送进过程中通畅无阻。

⑨要注意冲压件的毛刺方向。当冲压件提出毛刺方向要求时，应保证冲出的冲压件毛刺方向一致；对于带有弯曲加工的冲压件，应使毛刺面留在弯曲件内侧；在分段切除余料时，不允许一个冲压件的周边毛刺方向一致。

⑩要注意冲压力的平衡。合理安排各工序以保证整个冲压加工的压力中心与模具中心一致，其最大偏移量不能超过 $L/6$ 或 $B/6$（其中 L、B 分别为模具的长度和宽度），对冲压过程出现的侧向力，要采取措施加以平衡。级进模最适宜以成卷的带料供料，以保证能进行连续、自动、高速冲压。被加工材料的力学性能要充分满足冲压工艺的要求。

⑪冲压件和废料应保证能顺利排出，废料如连续，要增加切断工序。

⑫排样方案要考虑模具加工的设备和条件，考虑模具和压力机工作的匹配性。

2）导料结构设计。为了使条料通畅、准确地送进，在级进模中必须使用导料系统。导料系统一般包括左右导料板、承料板、条料侧压机构、浮顶机构、障碍检出机构等。导料系统直接影响模具冲压的效率和精度。选用导料系统应考虑到冲压件的特点、排样图上各工位的安排、压力机速度、送料形式、模具结构特点等因素，并结合卸料装置进行考虑。

导料板一般沿条料送进方向，安装在凹模形孔的两侧，对条料进行导向。

侧压装置的作用是提供适当的侧压力，使条料沿着主导板的导向基面直线送进。对于包含弯曲、拉深等成形工序的级进模，在冲压过程中，卸料时制件回落在凹模面之下的模腔内，因此在导料中还需设计有浮顶器，其作用就是将条料提升到一定高度，以保证连续冲压时条料顺畅送进。浮顶器的提升高度取决于制件的最大成形高度。

3）卸料结构设计。卸料装置除起卸料作用外，对于不同冲压工序还有不同的作用。在冲裁工序中，可起压料作用；在弯曲工序中，可起到局部成形的作用；在拉深工序中同时起到压边圈的作用。卸料装置对各凸模还可起到导向和保护作用。

卸料装置可分为固定卸料和弹性卸料两种。在多工位级进模中，多数采用弹性卸料装置，只有当工位数较少及料厚大于 1.5mm 的制件，或是在某些特定条件下才采用固定卸料装置。在级进模中使用弹性卸料装置时，一般要在卸料板与固定板之间安装小导柱、导套进行导向。在设计多工位级进模卸料装置时，要注意以下原则：

①在多工位级进模中，卸料板极少采用整体结构，而是采用镶拼结构。这有利于保证型孔精度、孔距精度、配合间隙、热处理等要求，它的镶拼原则基本上与凹模相同。在卸料板基体上加工一个通槽，各拼块对此通槽按基孔制配合加工，所以基准性好。

②卸料板各工作型孔同心。卸料板的各型孔与对应凸模的配合间隙只有凸凹模冲裁间隙的 1/3～1/4。高速冲压时，卸料板与凸模间隙要求取较小值。

③卸料板各工作型孔应较光洁，其表面粗糙度 R_a 值一般取 0.4～0.1mm。冲压速度越高，表面粗糙度值越小。

④多工位级进模卸料板应具有良好的耐磨性能。卸料板采用高强度钢或合金工具钢制

造，淬火硬度为 56~58HRC。当以一般速度冲压时，卸料板可选用中碳钢或碳素工具钢制造，淬火硬度为 40~45HRC。

⑤卸料板应具有必要的强度和刚度。卸料板凸台高度：h = 导料板厚度 – 板料厚度 + (0.30~0.50mm)。

4）定距结构设计。级进模任何相邻两工位的距离都必须相等，步距的精度直接影响冲压件的精度。影响步距精度的因素主要有冲压件的精度等级、形状复杂程度、冲压件材质和厚度、模具的工位数、冲制时条料的送进方式和定距形式等。

级进模的定距方式有挡料销定距、侧刃定距、导正销定距及自动送料机构定距四种类型。为了提高定位精度，可以将两种或两种以上定距方式联合使用。很多级进模采用自动送料机构或侧刃作粗定距，导正销作精定距的组合定位方式，但必须保证粗、精定距互不干涉，粗定距机构要服从精定距机构，否则就会形成过定位。

挡料销多适用于产品制件精度要求低、尺寸较大、板料厚度较大（大于 1.2mm）、产量少的手工送料的普通连续模，有时还要借助其他机构才能有效定位，模具设计和制造均较简单。根据在连续模中的用途、使用场合、使用要求不同，又可分为固定挡料销、活动挡料销、临时挡料销等。

侧刃定距是在条料的一侧或两侧冲切定距槽，定距槽的长度等于步距长度。其定距精度比挡料销定距高。在多工位级进模中，通常以侧刃作粗定位，以导正销作精定位，可获得良好的定距效果。

侧刃定距既适合于手工送料、也适合于自动或半自动送料。

导正销是级进模中应用最为普遍的定距方式。采用此方式需要与其他辅助定距方式配合使用，如采用导正销与侧刃或自动送料机构联合定距。

自动送料机构是专用的送料机构，配合压力机冲程运动，使条料作定时定量地送料。多工位连续模一般不能单独靠自动送料机构定距，只有单独拉深的多工位连续模才可单独采用。

2.2.2 冲压模具设计实例

1. 垫片少废料级进模

图 2-2 为垫片冲压件的零件图以及相关要求，下面设计制作该冲压件的级进模。

（1）确定冲压工艺方案和模具结构形式

1）分析制件的冲压工艺性。冲裁件材料为 08F 钢板，是优质碳素结构钢，具有良好的可冲压性能。冲裁件结构简单，但外形的直角不便于模具的加工，并且影响模具寿命，建议将 90°的直角改为 R1 的工艺圆角。

零件图上的尺寸均未标注尺寸偏差，为自由尺寸，选定 IT14 确定尺寸的公差。经查表得各尺寸公差。

2）分析比较和确定工艺方案。冲裁件的精度要求不高，尺寸不大，形状简单，只需要冲孔和落料两道工序即可完成，板料厚度适中，但生产批量大。根据这些特点，为了保证孔位精度，提高冲模的生产率，实行工序集中的工艺方案较好，即采用复合模或级进模。

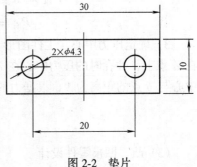

图 2-2　垫片

材料：08F　板厚：1mm

3）确定冲模类型及结构形式。由于制作该冲裁件的工序不多，用级进模和复合模的模具结构复杂程度相当，而级进模的生产率高，模具寿命长，所以采用级进模。同时采用侧刃定距、弹性卸料装置的级进冲裁模结构形式。

4）选择冲压设备。由于零件尺寸较小，精度要求不高，批量大，且只有冲孔和落料两道工序，选用高速压力机，生产效率高，但大多企业没有该设备。其次选用开式机械压力机，适合冲裁加工，有一定的精度和刚度、操作方便、价格低廉，所以选用开式机械压力机。

冲裁件尺寸为 30mm × 10mm，板厚为 1mm，查压力机规格表，初选 J23-6.3 型开式可倾压力机。

（2）工艺计算

1）排样、计算条料宽度、确定步距。查最小工艺搭边值表，确定搭边值，两侧搭边值各取 $a = 1.5mm$，两工件间的搭边值为零。

级进模进料步距为 $n = 12mm$，条料宽度为 $B = (D + 2a)_{-\Delta}^{0}$，查标准公差表得 $\Delta = 0.62$，则得 $B = 33_{-0.62}^{0}$。

画出排样图，如图 2-3 所示。

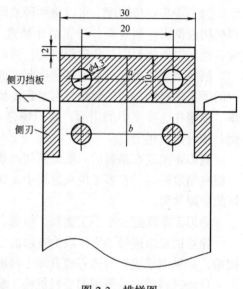

图 2-3 排样图

2）计算冲压力。两个工序，冲压力等于冲孔时的冲压力和落料时的冲压力之和。

查常用钢的力学性能表得 $\tau = 216 \sim 304MPa$，取平均值 $\tau = 260MPa$。

K 的取值依据冲裁刃口而定，平刃口，$K = 1 \sim 1.3$；斜刃口，$K = 0.2 \sim 0.6$。考虑刃口的磨损、生产批量和材料厚度等因素，此题取 $K = 1.3$。

$$P_{落} = KLt\tau = 1.3 \times (30 + 10) \times 2 \times 1 \times 260N = 27.04kN$$

$$P_{冲} = KLt\tau = 1.3 \times 4.3 \times 3.14 \times 2 \times 1 \times 260N = 9.13kN$$

$$P_{卸} = K_{落} P_{落} = 0.045 \times 27.04kN = 1.22kN$$

$$P_{总} = P_{落} + P_{冲} + P_{卸} = 37.39kN$$

3）确定压力中心。工件图形为对称图形，如图 2-3 排样图所示，故落料时的压力中心在 a 点上，冲孔时的压力中心在 b 点上。冲压机的压力中心在 ab 连线上，设压力机的压力中心与 b 点的距离为 X，根据力的平衡原理得

$$P_{落}(12 - X) = P_{冲} X$$

$$X = 8.97mm$$

（3）凸、凹模零件设计

1）冲裁刃口尺寸及公差的计算。刃口尺寸计算方法及演算过程不再叙述，仅将计算结果列于表 2-2 中。

2）确定凸、凹模零件结构尺寸

①凹模外形结构、尺寸确定。冲裁件精度不高、形状简单，为了保证冲裁件不留在凹模中，凹模磨损后修磨量小，凹模容易加工，落料和冲孔的凹模刃口形式均选用锥形刃口凹

模，单边锥角 $\alpha = 30'$。

表 2-2　垫片冲裁模具刃口尺寸计算

冲裁类型	工件尺寸	计算公式	凹模尺寸	凸模尺寸
	冲裁件公差为 IT14，模具公差为 IT7，查表 $Z_{max} = 0.14$，$Z_{min} = 0.1$			
落料	$30_{-0.52}^{0}$	$D_d = (D - x\Delta)_{0}^{+\delta_d}$，$x = 0.5$	$29.74_{0}^{+0.021}$	与凹模实际尺寸配制，保证间隙
	$10_{-0.36}^{0}$	$D_d = (D - x\Delta)_{0}^{+\delta_d}$，$x = 0.5$	$9.82_{0}^{+0.015}$	
冲孔	$\phi 4.3_{0}^{+0.3}$	$d_p = (d + x\Delta)_{-\delta_p}^{0}$，$x = 0.5$	与凸模实际尺寸配制，保证间隙	$4.45_{-0.012}^{0}$
中心距尺寸	20 ± 0.26	$L_d = L \pm \Delta/8$	20 ± 0.065	20 ± 0.065

凹模外形尺寸确定如下：

凹模厚度　$H = Kb = 0.35 \times 30\text{mm} = 10.5\text{mm}$（其中，系数 K 是查表求得，b 为凹模孔的最大宽度）。

凹模壁厚　$c = (1.5 \sim 2)H$，c 取 18mm。

凹模长度　$L = b + 2c = 66\text{mm}$。

凹模宽度　$B = 步距 + 冲裁件宽度 + 2c = (12 + 10 + 36)\text{mm} = 58\text{mm}$。

最后依据设计尺寸，按冲压模具标准模架凹模周界尺寸系列，确定凹模外形尺寸为 $80\text{mm} \times 80\text{mm} \times 25\text{mm}$。

②凸模外形结构、尺寸确定。落料凸模截面形状与冲裁件一致，截面尺寸即刃口尺寸，前面已完成。

长度 L 为导尺厚度、卸料板厚度、固定板厚度、凸模总修磨量、凸模进入凹模深度、卸料弹簧压缩高度的总和。其中，导尺厚度取 4mm，卸料板厚度取 8mm，固定板厚度取 18mm，凸模修磨量取 6mm，凸模进入凹模深度取 1mm，卸料板与固定板之间的安全距离为 17mm，即

$$L = (4 + 8 + 18 + 6 + 1 + 17)\text{mm} = 54\text{mm}$$

（4）选冲模标准模架和标准零件　依据凸、凹模周界尺寸，初定设备额定参数，选用滑动导向中间导柱模架，标记为模架 $125 \times 125 \times 120 \sim 150$　GB/T2852.5—1990。

联接螺钉选用：螺钉 GB/T 70—2000 M8 内六角圆柱头螺钉，螺钉长度依据联接件厚度而定。依据卸料力、推件力、压边力的大小选弹簧种类。

（5）模具总体设计及绘制出模具总装图　依据冲裁件工艺设计，非标准件尺寸、结构设计，标准件的选用，绘制出模具总装图，如图 2-4 所示垫片少废料级进模总装图。

（6）模具非标准件零件图　依据上面设计结果，绘制非标准件零件图，可指导模具零件加工。模具非标准件零件图见表 2-3。

（7）校核冲压设备基本参数

1）模具闭合高度校核。$H_闭 = H_上 + H_下 + H_凹 + H_凸 + H_垫 - 2 = (30 + 35 + 25 + 52 + 5 - 2)\text{mm} = 145\text{mm}$，J23—6.3 开式压力机的闭合高度为 150mm，可调量为 30mm，模具安装时可用垫块调整配制。

2）冲裁所需总压力校核。前面计算出 $P_总 = 37.39\text{kN}$，冲压机的公称压力 63kN，$P_总 < P_公$，满足生产要求。

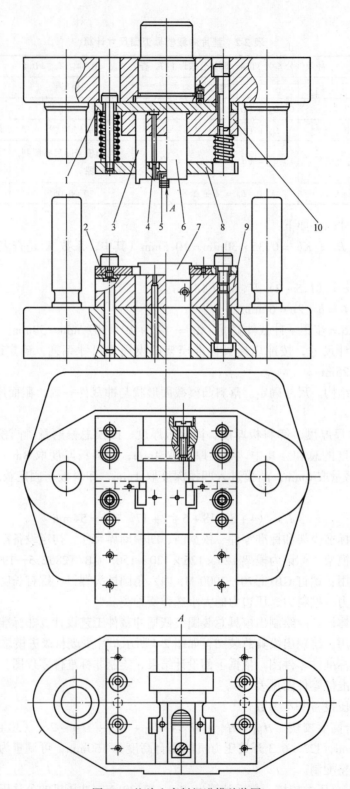

图 2-4 垫片少废料级进模总装图

1—垫板 2—导尺 3—侧刃 4—小凸模 5—推料片 6—凸模 7—挡板 8—卸料板 9—凹模 10—固定板

表 2-3　模具非标准件零件图

名称	零 件 图	技术说明
凸模	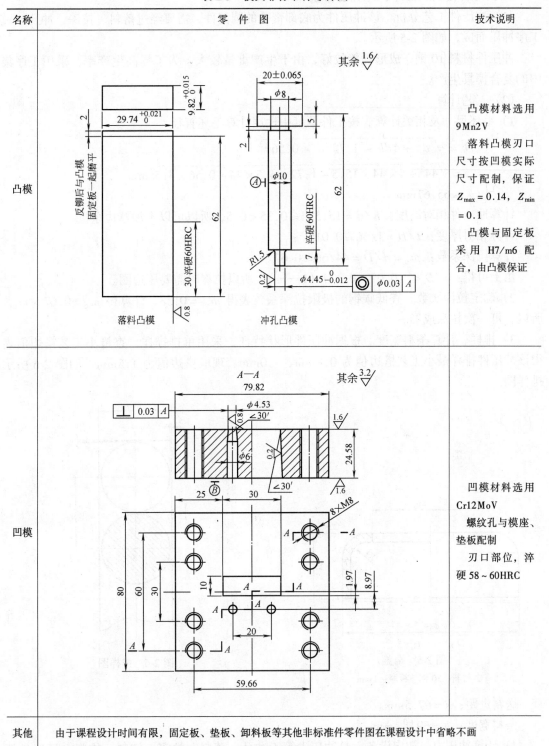	凸模材料选用 9Mn2V 落料凸模刃口尺寸按凹模实际尺寸配制，保证 $Z_{max}=0.14$，$Z_{min}=0.1$ 凸模与固定板采用 H7/m6 配合，由凸模保证
凹模		凹模材料选用 Cr12MoV 螺纹孔与模座、垫板配制 刃口部位，淬硬 58~60HRC
其他	由于课程设计时间有限，固定板、垫板、卸料板等其他非标准件零件图在课程设计中省略不画	

3）模具最大安装尺寸校核。模具最大安装尺寸为 125mm×125mm，冲床工作台面尺寸为 310mm×200mm，能够满足模具的安装。

2. 筒形件落料、拉深、冲孔复合模

(1) 冲压件工艺分析　该冲压件为底部带孔的圆筒件，需要经过落料、拉深、冲孔三道工序冲压而成，如图 2-5 所示。

冲压件材料 10 钢，成形性能较好，由于生产批量较大，为了提高生产率，采用工序集中的复合模具生产。

(2) 工艺计算

1) 毛坯尺寸及相关计算。按工件厚度中性层计算毛坯直径

$$D = \sqrt{d^2 + 4dh - 1.72rd - 0.56r^2}$$
$$= \sqrt{44^2 + 4 \times 44 \times 15.5 - 1.72 \times 4.5 \times 44 - 0.56 \times 4.5^2}\ \text{mm}$$
$$\approx 65.67\text{mm}$$

计算冲压件相对高度：$h/d = 15.5/4 \approx 0.35 < 0.5$，所以可以不加修边余量。

计算相对厚度：$t/D = 1/66 \approx 0.015$。

计算拉深系数：$m_c = d/D = 44/66 \approx 0.67$。

由上可得：$t/D <$（$0.09 \sim 0.17$）（$1-m$），所以拉深时需要压边圈。

2) 确定拉深次数。查低碳钢的极限拉深系数表得 $m_{c1} = 0.53$，计算得 $m_c = 0.67 > m_{c1}$，所以，可一次拉深成形。

3) 排样、计算条料宽度。根据冲压件形状特征，采用单排排样，查最小工艺搭边值表得该冲压件排样最小工艺搭边值为 0.8mm、1.0mm，现取搭边值为 1.5mm，如图 2-6 所示排样图。

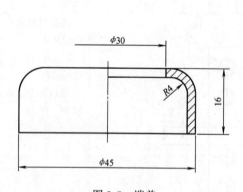

图 2-5　端盖
材料：10 钢　板厚：1mm

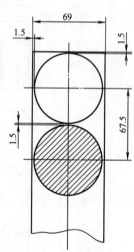

图 2-6　排样图

送料进距：$s = 67.5\text{mm}$。

条料宽度：$b = 69^{+0.1}_{0}\text{mm}$。

4) 计算冲压力，初定设备。总冲压力等于冲孔、落料、拉深、卸料、推料、压边的压力之和。各个压力的计算见表 2-4。

依据总冲压力和工件尺寸，初定压力机为 J23—16 开式可倾压力机。

表 2-4　冲压力计算

类型	计算公式	计算结果
落料	$P_{落} = KLt\tau = 1.3 \times 3.14 \times 65.67 \times 1 \times 294\text{N} = 78.81\text{kN}$ 查表 10 钢的 σ_b 为 255 ~ 333MPa，取中值为 294MPa	$P_{落} = 78.81\text{kN}$
卸料	$P_{卸} = K_{落}P_{落} = 0.045 \times 78.81\text{kN} = 3.55\text{kN}$	$P_{卸} = 3.55\text{kN}$
拉深	$P_{拉} = K\pi dt\sigma_b = 0.54 \times 3.14 \times 44 \times 1 \times 363\text{N} = 27082.12\text{N} = 27.1\text{kN}$ 查表 10 钢的 σ_b 为 294 ~ 432MPa，取中值为 363MPa 查表 K 取值 0.54	$P_{拉} = 27.1\text{kN}$
压边	$P_{压} = \dfrac{\pi}{4}\left[D^2 - (d + 2r_d)^2\right]p = 3.14 \div 4\left[65.67^2 - (44 + 2 \times 7)^2\right] \times 2.5\text{N} = 1.86\text{kN}$ 查表单位压力 p 为 2.0 ~ 2.5，取 $p = 2.5$ 查表凹模圆角半径 r_d 为 （6 ~ 8）t，取 $r_d = 7$	$P_{压} = 1.86\text{kN}$
冲孔	$P_{冲} = KLt\tau = 1.3 \times 30 \times 3.14 \times 1 \times 294\text{N} = 36\text{kN}$	$P_{冲} = 36\text{kN}$
推料	$P_{推} = K_{推}P_{冲} = 0.045 \times 36\text{kN} = 1.62\text{kN}$	$P_{推} = 1.62\text{kN}$
总冲压力	$P_{总} = P_{落} + P_{卸} + P_{拉} + P_{压} + P_{冲} + P_{推} = 148.94\text{kN}$	$P_{总} = 148.94\text{kN}$

（3）凸凹模尺寸、结构设计

1）刃口尺寸及公差的计算。刃口尺寸计算方法及演算过程不再叙述，仅将计算结果列于表 2-5 中。

2）确定凸、凹模零件结构尺寸

①冲孔凸模外形结构、尺寸确定。长度 L 为卸料板厚度、固定板厚度、凸模总修磨量、凸模进入凹模深度、卸料弹簧压缩高度的总和。其中推料板厚度取 20mm，固定板厚度取 12mm，凸模修磨量取 6mm，凸模进入凹模深度取 1mm，卸料板与固定板之间的安全距离为 15mm，即

$$L = （20 + 12 + 6 + 1 + 15）\text{mm} = 54\text{mm}$$

②凸凹模（拉深凸模和冲孔凹模）外形结构、尺寸确定。冲孔凹模刃口尺寸前面已完成，为了保证刃口有足够的强度，修磨后刃口尺寸不变，且凹模容易加工，所以，落料凹模选用直筒形刃口，其外形尺寸：

凹模厚度 $H = Kb = 0.35 \times 30\text{mm} = 10.5\text{mm}$（其中，系数 K 查表得 0.35，b 为凹模孔的最大宽度）；查表得凸凹模最小壁厚为 2.7mm，冲孔凹模尺寸为 $\phi30.16\text{mm}$，拉深凸模尺寸为 $\phi42.61\text{mm}$，凸凹模壁厚为 6.2mm，所以满足要求。

拉深凸模长度尺寸为拉深深度、压板厚度、固定板厚度、压边与固定边之间的安全高度之和，即

$$L = （15 + 15 + 15 + 15）\text{mm} = 60\text{mm}$$

③凸凹模（落料凸模和拉深凹模）外形结构、尺寸确定。拉深凹模刃口尺寸已求得，其长度 L 为冲孔凸模长度加上拉深深度减 1mm，即

$$L = （54 + 15 - 1）\text{mm} = 68\text{mm}。$$

对于落料凸模的长度 L 为固定板厚度 18mm、卸料板厚度 8mm、拉深高度 16mm、卸料板与固定板之间的安全高度 26mm 之和，即 $L = 68mm$，合适。

表 2-5 刃口尺寸计算

工件公差 IT12，查表 $Z_{max} = 0.07$，$Z_{min} = 0.05$

冲压工序	工件尺寸	计算公式	凹模尺寸	凸模尺寸
落料	$\phi 65.67_{-0.3}^{0}$	$D_d = (D - x\Delta)_0^{+\delta_d}, \quad x = 0.5$ $D_p = (D_d - Z_{min})_{-\delta_p}^{0}$ $\delta_d + \delta_p \leq Z_{max} - Z_{min} = 0.02$	$\phi 65.52_0^{+0.012}$	$\phi 65.047_{-0.008}^{0}$
拉深	$\phi 45_{-0.25}^{0}$	$D_d = (D - 0.75\Delta)_0^{+\delta_d}$ $D_p = (D_d - Z)_{-\delta_p}^{0}$ 凸、凹模公差按 IT7，$Z = 2.2t$	$\phi 44.81_0^{+0.025}$	$\phi 42.61_{-0.025}^{0}$
冲孔	$\phi 30_0^{+0.21}$	$d_p = (d + x\Delta)_{-\delta_p}^{0}, \quad x = 0.5$ $d_d = (d_p + Z_{min})_0^{+\delta_d}$ $\delta_d + \delta_p \leq Z_{max} - Z_{min} = 0.02$	$\phi 30.16_0^{+0.012}$	$\phi 30.1_{-0.008}^{0}$

④落料凹模外形结构、尺寸确定。为了保证刃口有足够的强度，修磨后刃口尺寸不变，且凹模容易加工，所以，落料凹模选用直筒形刃口，其外形尺寸：

凹模厚度 $H = Kb = 0.22 \times 65.67mm = 14.45mm$（其中，系数 K 查表得 0.22，b 为凹模孔的最大宽度）；凹模壁厚 $c = (1.5 \sim 2) H$，c 取 25mm；凹模长度 $L = b + 2c = 115.67mm$。

依据设计尺寸，按冲压模具标准模架凹模周界尺寸系列，确定凹模外形尺寸为 $\phi 125mm \times 50mm$。

(4) 选冲模标准模架和标准零件　依据凸、凹模周界尺寸，初定设备额定参数，选用滑动导向中间导柱模架，标记为模架 160mm × 160mm × 180 ~ 220mm，GB/T 2851.3—1990。

联接螺钉选用：螺钉 GB 70—1985 M8 内六角圆柱头螺钉，螺钉长度依据联接件厚度而定。依据卸料力、推料力、压边力，以及模具预留给弹簧自由高度尺寸，选用标准（GB/T 1358—1993 系列的标准弹簧。

(5) 绘制总装图　根据设计结果绘制总装图，如图 2-7 所示。

(6) 绘制非标准件零件图　依据上面设计结果，绘制模具非标准件零件图，可指导模具零件加工。模具非标准件零件图见表 2-6。

(7) 校核冲压设备基本参数

1) 模具闭合高度校核

$H_{闭} = H_{上} + H_{下} + H_{凹} + H_{凸} + H_{垫} - 18 = (40 + 45 + 60 + 68 + 20 - 18) mm = 215mm$，J23-16 开式压力机的闭合高度为 220mm，可调量为 45mm，模具安装时可用垫块调整配制。

2) 冲裁所需总压力校核。前面计算出 $P_{总} = 148.94kN$，冲压机的公称压力 160kN，$P_{总} < P_{公}$，满足生产要求。

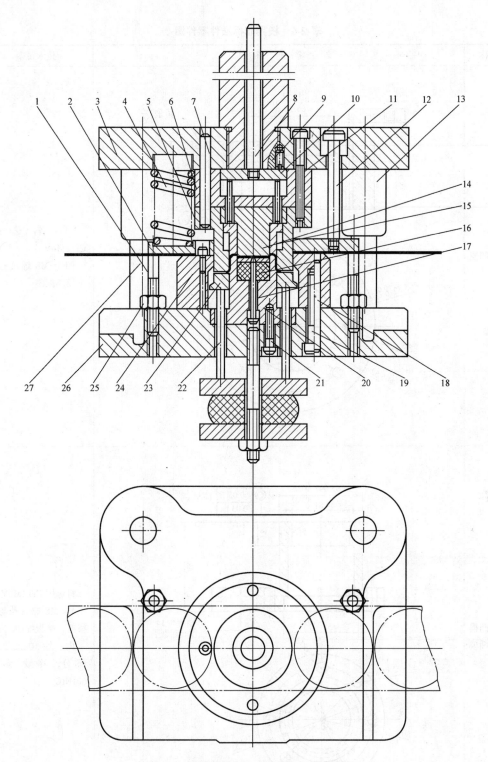

图 2-7 筒形件落料、拉深、冲孔复合模

1—螺栓销 2—卸料板 3—上模座 4—弹簧 5—凸凹模 6—垫板 7—圆柱销 8—打杆 9—模柄 10—打板
11—螺钉 12—卸料螺钉 13—导套 14—凸模 15—推料板 16—橡胶垫 17—卸料螺钉 18—圆柱销
19—螺钉 20—凸凹模 21—螺钉 22—顶杆 23—压边圈 24—凹模 25—螺母 26—下模座 27—导柱

表 2-6 模具非标准件零件图

名称	零件图	技术说明
落料凹模 落料凸模 拉深凹模	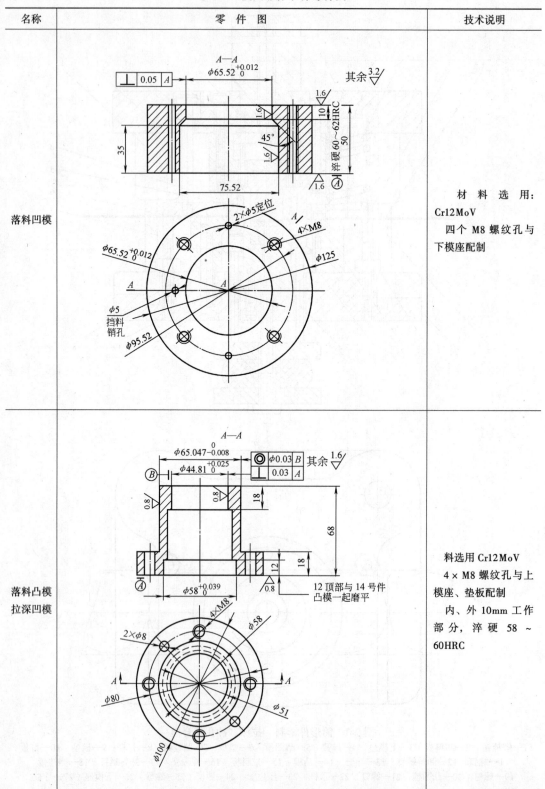	材 料 选 用： Cr12MoV 四个 M8 螺纹孔与 下模座配制 料选用 Cr12MoV 4 × M8 螺纹孔与上 模座、垫板配制 内、外 10mm 工作 部分，淬硬 58 ～ 60HRC

（续）

名称	零 件 图	技术说明
拉深凸模 冲孔凹模		材料：Cr12MoV 4×M5 的螺纹孔深 10mm，与下模座配制 内外 10mm 工作部 分，淬硬 58~60HRC
冲孔凸模		材料：Cr12MoV
其他	由于课程设计时间有限，固定板、垫板、卸料板等其他非标准件零件图在课程设计中省略不画	

3）模具最大安装尺寸校核。模具最大安装尺寸为 160mm × 160mm，冲床工作台面尺寸为 450mm × 300mm，能够满足模具的安装要求。

2.3 冲压件零件图汇编

本节提供冲压件零件图以及相关的技术资料 60 套（见图 2-8 ~ 图 2-67），便于学生和指导教师选定模具课程课题。原则上要求学生一人一题，独立完成，使学生在校学习期间能够系统地完成从模具设计到模具制造的学习任务。完成后的课题资料可作为《模具制造实训》的技术依据。

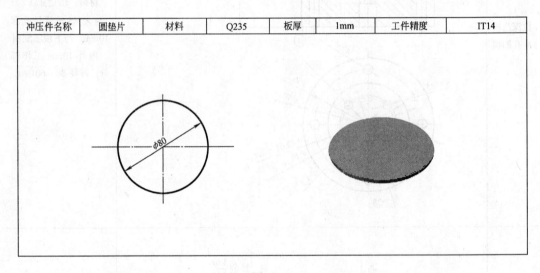

冲压件名称	圆垫片	材料	Q235	板厚	1mm	工件精度	IT14

图 2-8

冲压件名称	圆垫圈	材料	10	板厚	1.5mm	工件精度	IT14

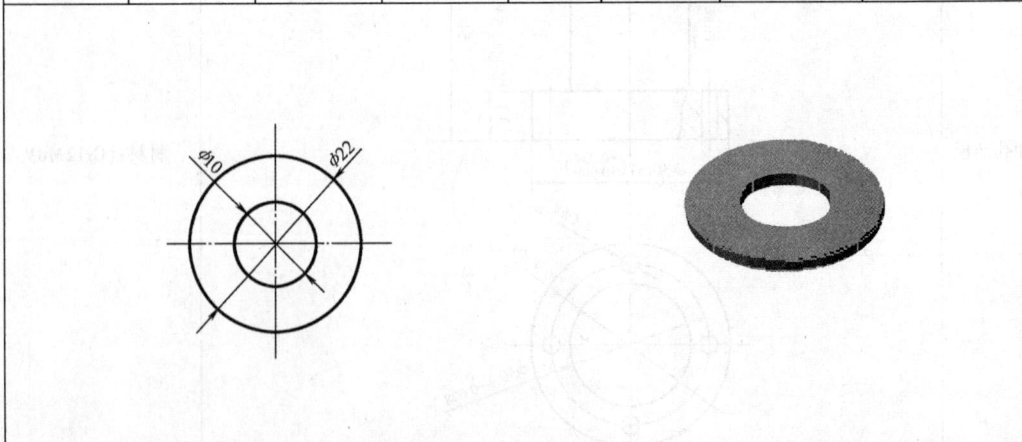

图 2-9

冲压件名称	垫块	材料	20	板厚	0.8mm	工件精度	IT13

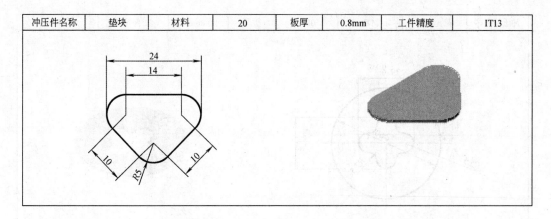

图 2-10

冲压件名称	角垫片	材料	Q235	板厚	2mm	工件精度	IT9

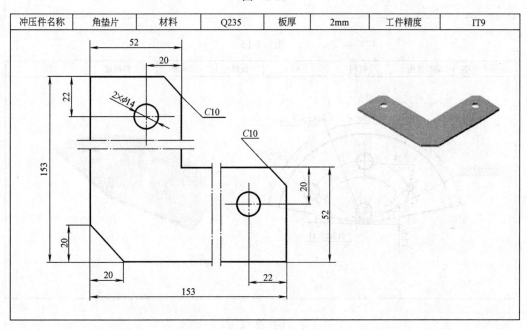

图 2-11

冲压件名称	止动片	材料	H62	板厚	0.7mm	工件精度	IT 9

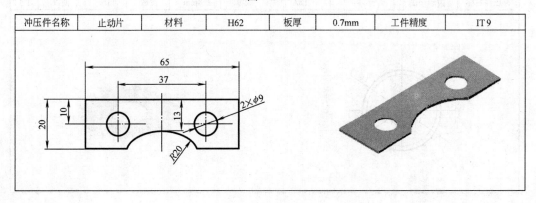

图 2-12

冲压件名称	花孔垫圈	材料	08	板厚	0.8mm	工件精度	IT9

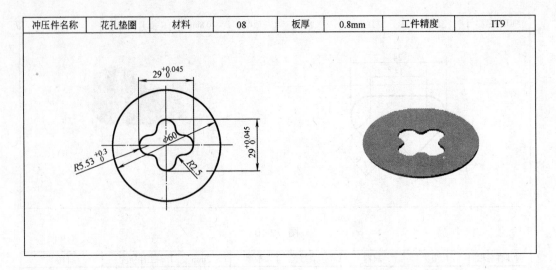

图 2-13

冲压件名称	扇形齿板	材料	45	板厚	2mm	工件精度	IT10

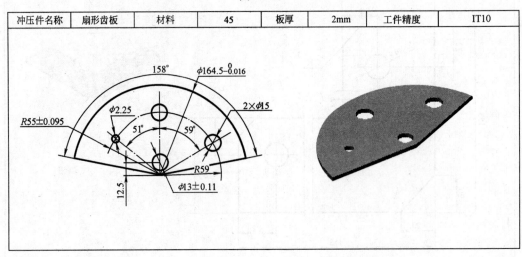

图 2-14

冲压件名称	齿形垫圈	材料	T8A	板厚	0.8mm	齿数	16	模数	1.5

图 2-15

冲压件名称	仪表指针	材料	LY12	板厚	0.3mm	工件精度	IT8

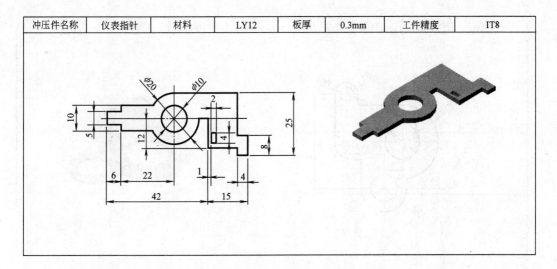

图　2-16

冲压件名称	压圈	材圈	QSn4-4-2.5	板厚	0.2mm	工件精度	IT11

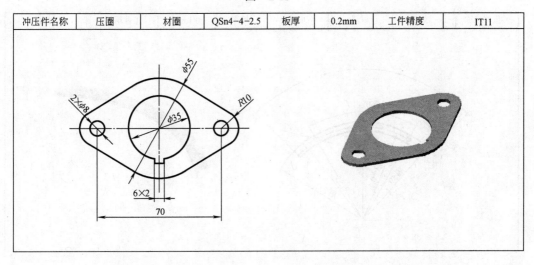

图　2-17

冲压件名称	导电片	材料	T2	板厚	0.3mm	工件精度	IT10

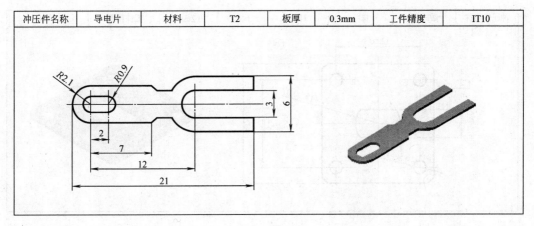

图　2-18

冲压件名称	异形垫片	材料	H68	板厚	0.15mm	工件精度	IT13

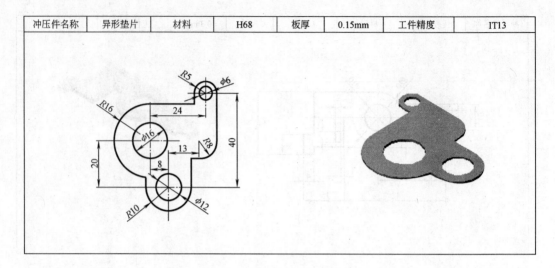

图 2-19

冲压件名称	镶条	材料	H68	板厚	0.1mm	工件精度	IT10

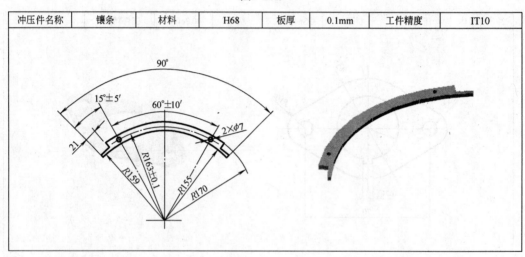

图 2-20

冲压件名称	谐振窗	材料	H62	板厚	0.2mm	工件精度	IT10

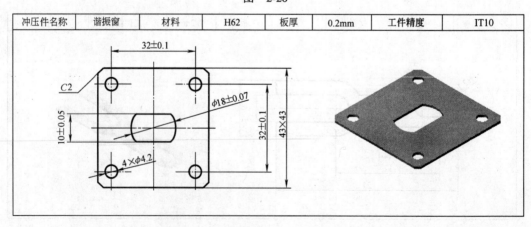

图 2-21

冲压件名称	塑料薄膜	材料	PVC	板厚	0.05mm	工件精度	IT11

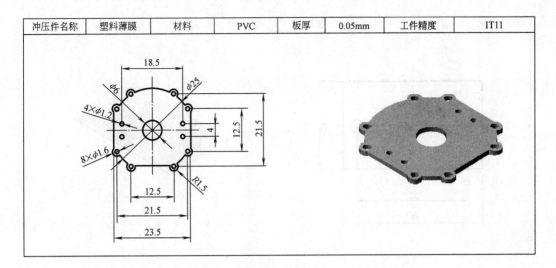

图 2-22

冲压件名称	硅钢片	材料	DR510	板厚	1mm	工件精度	IT9

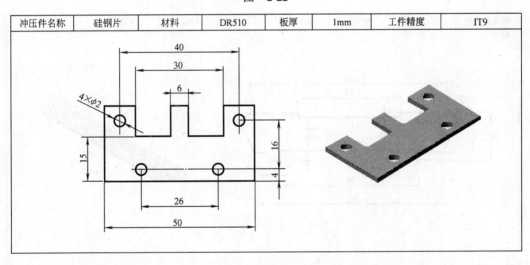

图 2-23

冲压件名称	小垫片	材料	Q235	板厚	1mm	工件精度	IT11

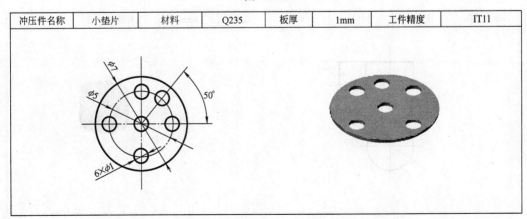

图 2-24

冲压件名称	云母片	材料	云母片	板厚	0.8mm	工件精度	IT11

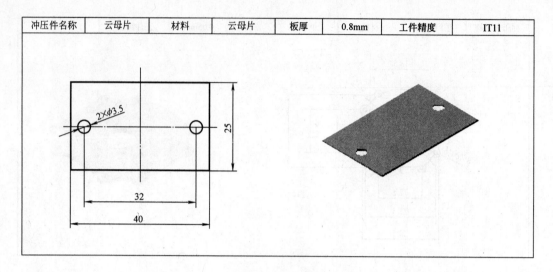

图 2-25

冲压件名称	摩擦片	材料	15钢镀锡	板厚	0.6mm	工件精度	IT10

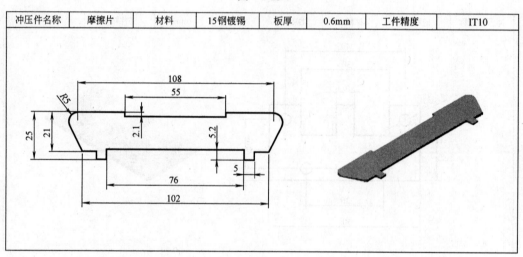

图 2-26

冲压件名称	坯块	材料	L3	板厚	8mm	工件精度	IT12

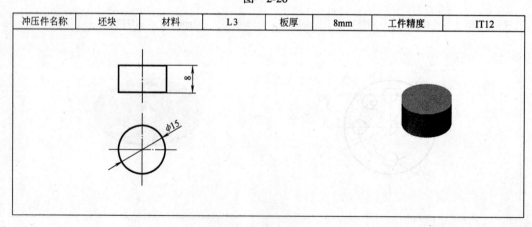

图 2-27

冲压件名称	凸轮	材料	20钢	板厚	6mm	工件精度	IT10

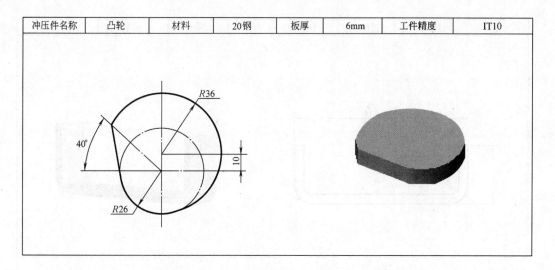

图　2-28

冲压件名称	V形件	材料	10钢	板厚	3mm	板宽	7mm

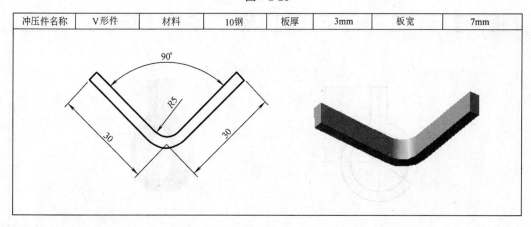

图　2-29

冲压件名称	U形螺柱	材料	Q235		φ10圆钢	工件精度	IT12

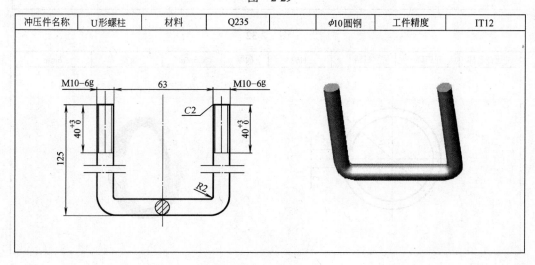

图　2-30

冲压件名称	U形件	材料	15钢	板厚	1.5mm	板宽	10mm

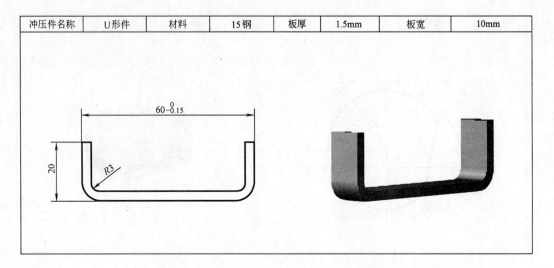

图　2-31

冲压件名称	圆环	材料	Q235	板厚	2mm	板宽	8mm

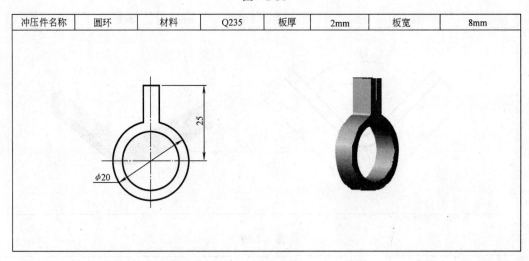

图　2-32

冲压件名称	开口环	材料	H62	板厚	0.5mm	板宽	6mm

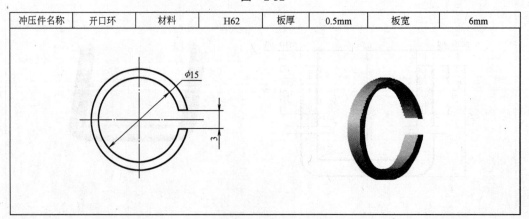

图　2-33

冲压件名称	铰链卷	材料	10钢	板厚	1.2mm	板宽	3.5mm

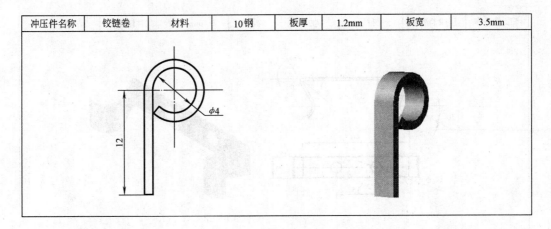

图　2-34

冲压件名称	双卷筒	材料	H68	板厚	0.5mm	工件精度	IT10

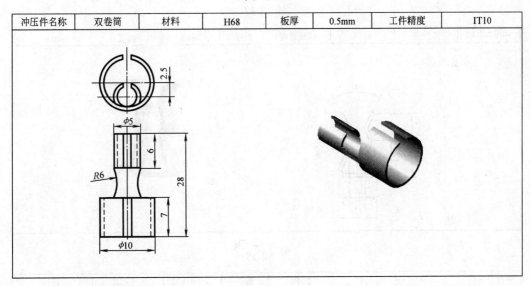

图　2-35

冲压件名称	开口锁	材料	Q195	板厚	0.6mm	工件精度	IT11

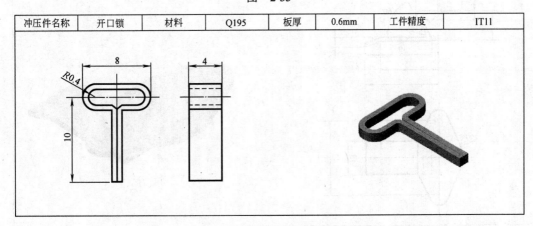

图　2-36

冲压件名称	压线卡滑轮	材料	Q235	板厚	0.5mm	工件精度	IT11

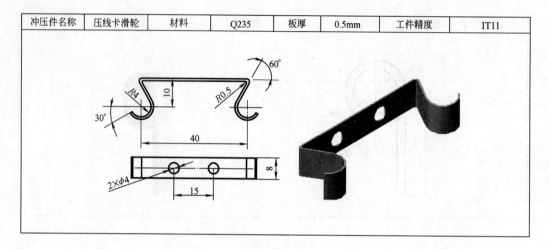

图　2-37

冲压件名称	弹性夹	材料	硅锰青铜	板厚	1mm	板宽	4mm

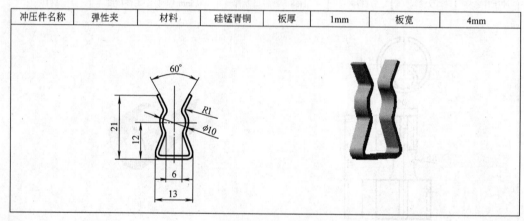

图　2-38

冲压件名称	压板	材料	20钢	板厚	2mm	工件精度	IT11

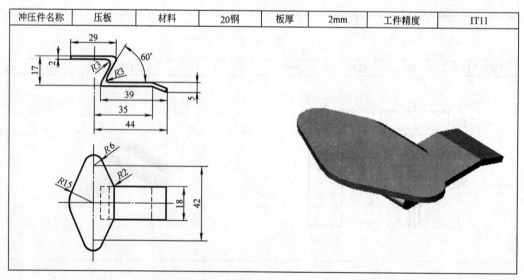

图　2-39

冲压件名称	弹性卡	材料	08	板厚	0.8mm	工件精度	IT9

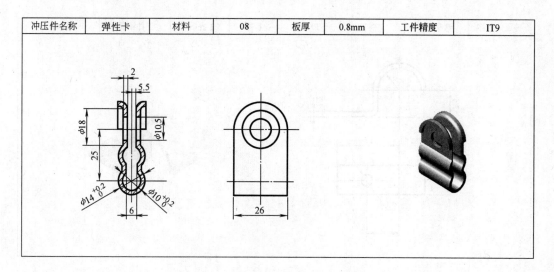

图　2-40

冲压件名称	链节	材料	Q235	板厚	$\phi 8$	工件精度	IT13

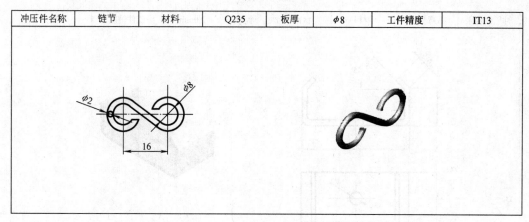

图　2-41

冲压件名称	架板	材料	Q235	板厚	2mm	工件精度	IT12

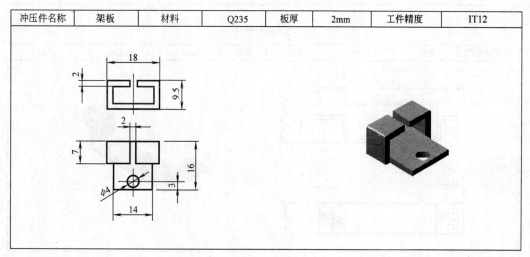

图　2-42

冲压件名称	弯架板	材料	20钢	板厚	1.2mm	工件精度	IT12

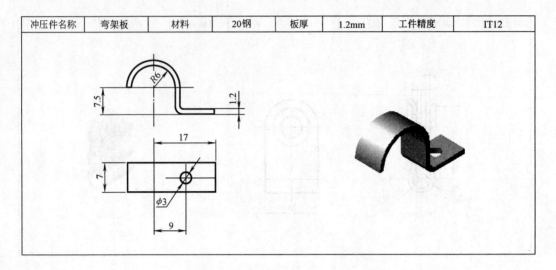

图　2-43

冲压件名称	弯板	材料	15钢	板厚	2.0mm	工件精度	IT12

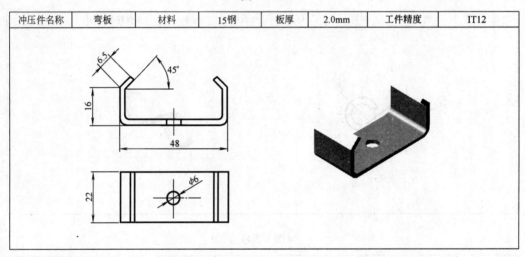

图　2-44

冲压件名称	弯板	材料	Q235	板厚	1mm	工件精度	IT12

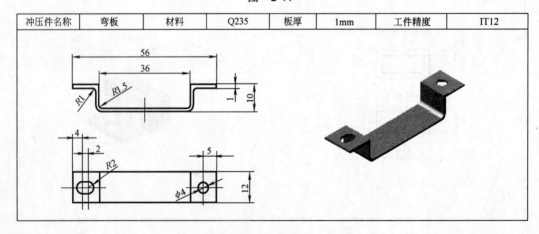

图　2-45

冲压件名称	弯板	材料	Q235	板厚	1.0mm	工件精度	IT12

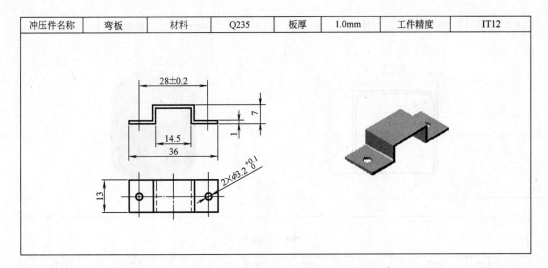

图 2-46

冲压件名称	双向弯板	材料	Q235	板厚	1.0mm	工件精度	IT12

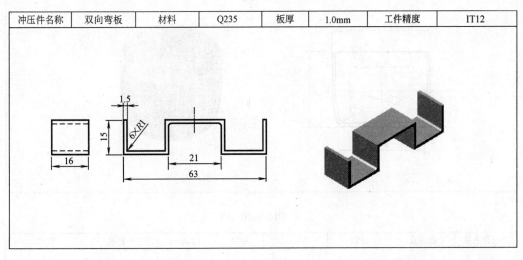

图 2-47

冲压件名称	60°弯板	材料	10钢	板厚	1.0mm	工件精度	IT12

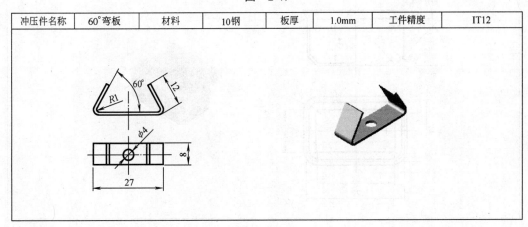

图 2-48

冲压件名称	直筒	材料	79NiMo4	板厚	1mm	工件精度	IT11

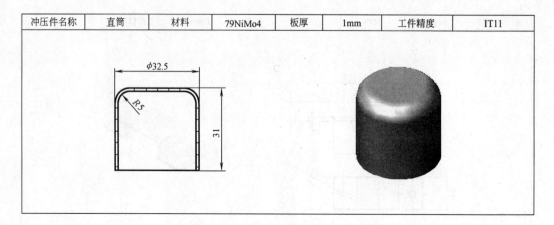

图　2-49

冲压件名称	圆筒	材料	08F	板厚	1.2mm	工件精度	IT11

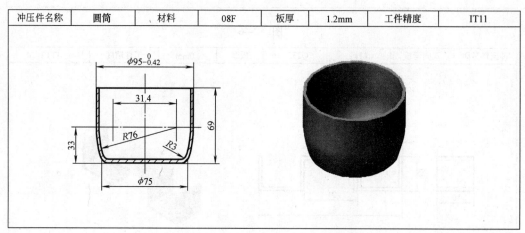

图　2-50

冲压件名称	翻边盒	材料	铝L5	板厚	1.2mm	工件精度	IT12

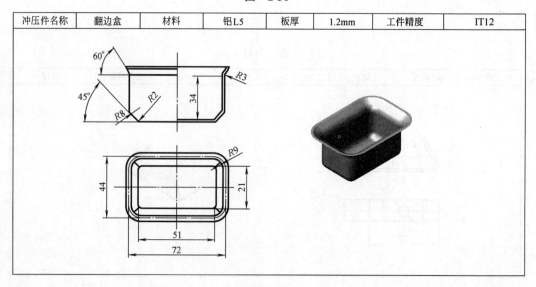

图　2-51

冲压件名称	盖	材料	08Al-ZF	板厚	0.5mm	工件精度	IT12

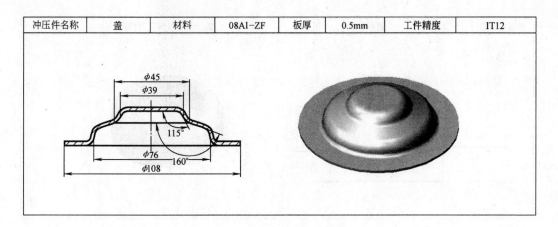

图　2-52

冲压件名称	变薄拉深筒	材料	08Al-ZF	板厚	0.5mm	工件精度	IT12

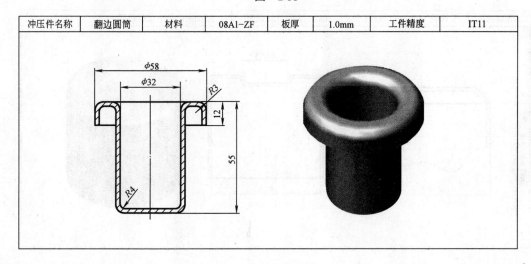

尺寸 ＼ 变薄拉深工序	毛坯	1	2	3	4	5
d	28	23.3	23	22.7	22.4	22.1
D	36.4	29.8	27.88	26.1	24.8	24.2
H	21.5	34.7	43	62	87	＞96.5
R	6	3	3	3	3	3

图　2-53

冲压件名称	翻边圆筒	材料	08Al-ZF	板厚	1.0mm	工件精度	IT11

图　2-54

冲压件名称	漏盖	材料	铝L3	板厚	2mm	工件精度	IT12

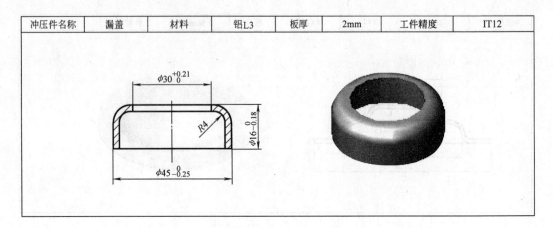

图 2-55

冲压件名称	方盖	材料	硬铝LY12	板厚	0.6mm	工件精度	IT11

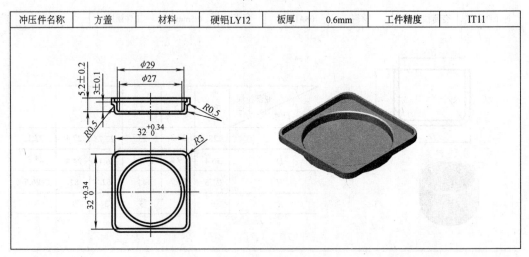

图 2-56

冲压件名称	深筒	材料	08A1-ZF	板厚	1.5mm	工件精度	IT12

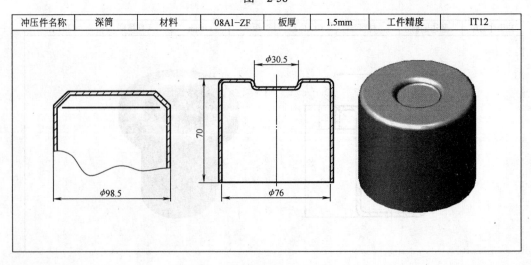

图 2-57

冲压件名称	套环	材料	08F	板厚	0.8mm	工件精度	IT12

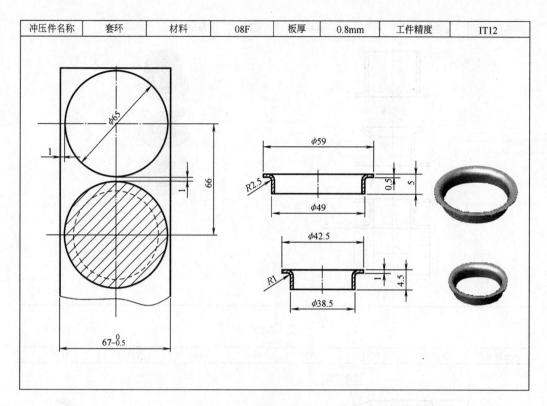

图 2-58

冲压件名称	压延圈	材料	10钢	板厚	1.5mm	工件精度	IT12

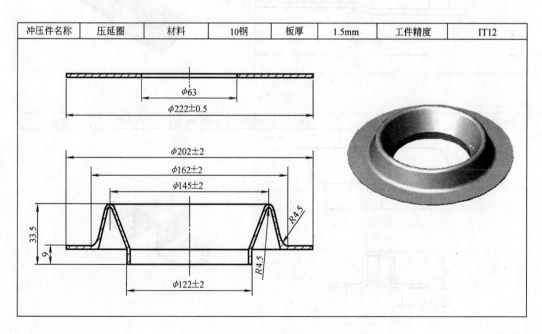

图 2-59

冲压件名称	工字筒	材料	08Al-HF	板厚	1.2mm	工件精度	IT12

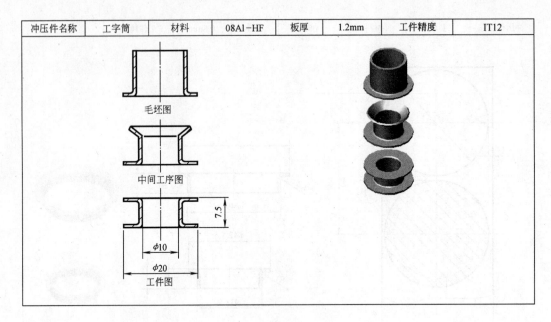

毛坯图

中间工序图

φ10

φ20

7.5

工件图

图　2-60

冲压件名称	变径筒	材料	Q235	板厚	1mm	工件精度	IT11

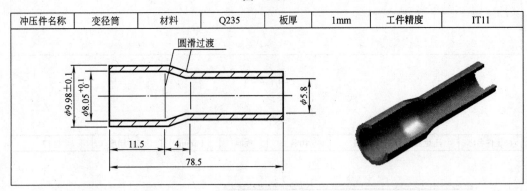

圆滑过渡

$\phi 9.98\pm 0.1$

$\phi 8.05^{+0.1}_{0}$

$\phi 5.8$

11.5 4

78.5

图　2-61

冲压件名称	支架	材料	10钢	板厚	0.8mm	工件精度	IT12

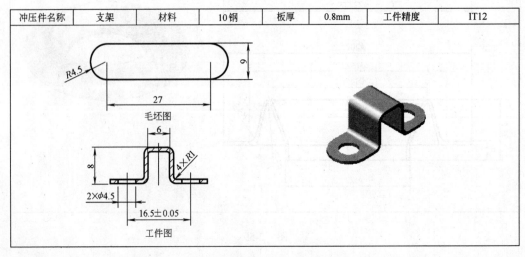

R4.5

27

9

毛坯图

6

8

4×R1

2×φ4.5

16.5±0.05

工件图

图　2-62

47

冲压件名称	弯垫板	材料	10钢	板厚	1.5mm	工件精度	IT10

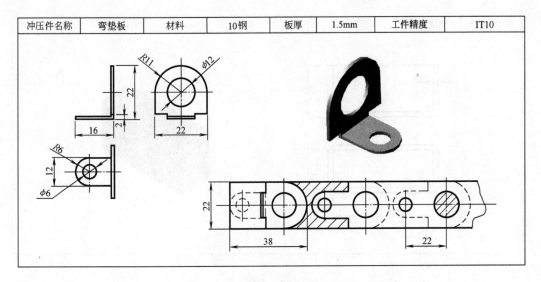

图 2-63

冲压件名称	卡板	材料	10钢	板厚	0.8mm	工件精度	IT9

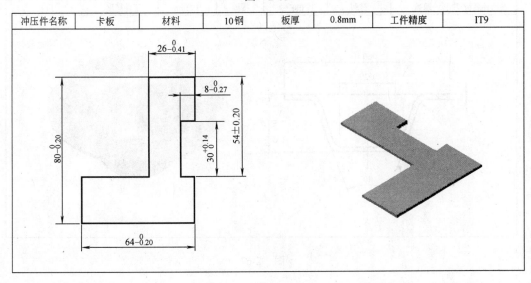

图 2-64

冲压件名称	支撑桶	材料	08F-ZF	板厚	1.2mm	工件精度	IT9

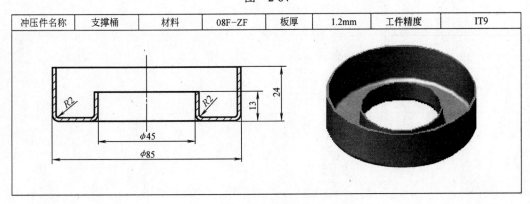

图 2-65

冲压件名称	矩形盒	材料	08F-HF	板厚	0.6mm	工件精度	IT12

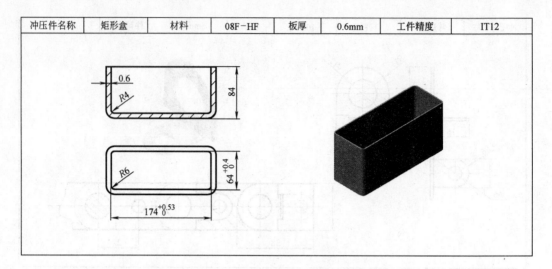

图 2-66

冲压件名称	端盖	材料	08F	板厚	1.5mm	工件精度	IT12

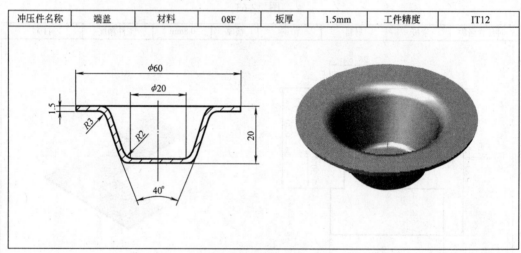

图 2-67

第3章 塑料模具设计

3.1 塑料模具概述

3.1.1 塑料制品成形方法

成形塑料制品的模具即塑料模具，塑料制品成形方法如图 3-1 所示。

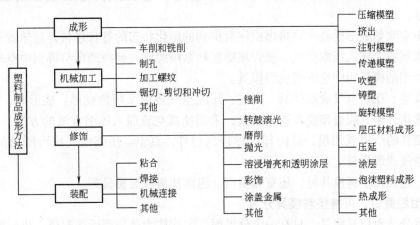

图 3-1 塑料制品成形方法

在图中列举的塑件成形方法中，最常用的有注射成形、压缩成形、压注成形、挤出成形四种方法。

3.1.2 塑料模具分类

塑料模具的分类方法很多，不同的塑料成形方法使用着原理和结构各不相同的塑料模具。

1. 按成形方法，可将塑料模具分为

（1）注射成形模具　注射成形模具又可称注射模、注塑模。注射成形是将塑料原料经注射机的料斗加到加热的料筒中，在注射机螺杆或柱塞的推动下，熔融的塑料经过注射机喷嘴，通过模具的浇注系统进入闭合的模具型腔，将模腔充满，经保压、冷却而硬化定型，然后打开模具取出塑件。注射成形所用的模具叫做注射成形模具。

注射成形不但能成形形状复杂、精度高的塑件，而且生产效率高，自动化程度高，主要用于热塑性塑料的成形，是热塑性塑料成形的一种主要方法，也可用于热固性塑料的成形。注射模在塑料模中占有很大的比例。

（2）压制成形模具　压制成形模具又可称压缩模或压模。压制成形主要用于成形热固性塑料，也可用于成形热塑性塑料。成形热固性塑料时，将计量好的塑料直接加入到加热的模具的加料室和（或）型腔中，然后合模，塑料在热和压力的共同作用下熔融流动，充满型腔。在热的进一步作用下，塑料分子发生交联反应，逐渐固化定型，然后打开模具，取出塑件。压制成形所用的模具叫压制成形模具。

（3）传递成形模具　传递成形模具又可称压注模。传递成形多用于热固性塑料的成形。将塑料原料加入预热的加料室中，然后通过柱塞施加压力，塑料在高温高压的作用下熔融并通过模具的浇注系统进入闭合的型腔，在模具型腔中继续受热受压而固化定型，打开模具，取出塑件。传递成形所用的模具叫传递成形模具。

（4）挤出成形模具　挤出成形模具又称机头。挤出成形可成形几乎所有的热塑性塑料和部分热固性塑料。成形热塑性塑料时，将塑料原料经挤出机的料斗加入到加热的料筒中，通过螺杆的转动，使塑料熔融，并在一定压力的作用下通过具有特定断面形状的机头挤出，然后在较低温度下冷却定型，以得到具有所需断面形状的连续型材。挤出成形所用的模具叫挤出成形模具。

（5）中空吹塑成形模具　将挤出或注射得到的塑化状态的管状坯料，趁热置于模具型腔内，向管状坯料中通入压缩空气，使管坯膨胀贴紧模膛壁，经冷却定型得到中空塑件。中空吹塑成形所用的模具叫中空吹塑成形模具。

（6）真空、压缩空气成形模具　真空、压缩空气成形又叫热成形。成形时，将塑料板、片材加热软化，使其周边和模具周边贴紧，采用抽真空或通入压缩空气的方法，使塑料板、片材贴紧模具的凸模或凹模，经冷却定形得到塑件。真空、压缩空气成形所用的模具叫真空、压缩空气成形模具。

除了上述几种塑料模具外，还有铸塑模，泡沫塑料成形模具等。

2. 按型腔数目，可将塑料模具分为

（1）单分型面塑料模具　只有一个分型面，因此称为单分型面注射模，也叫两板式塑料模具。这是注射模中最简单且用的最多的一种结构形式。合模后，动、定模组合构成型腔，主流道在定模一侧，分流道及浇口在分型面上，动模上设有推出机构，用以推出塑件和浇注系统凝料。

（2）多分型面塑料模具　增加具有一定功能的辅助分型面。主要用于侧向分型抽芯机构设在定模一侧以及有结构特殊需要的顺序分型模具中，这类模具结构较复杂。

还有按加工塑料的品种可分为热塑性塑料模具和热固性塑料模具；按模具在设备上的安装方式可分为移出式塑料模具和固定式塑料模具；按塑料模具总体结构来分，可分为带有活动成形零件的塑料模具、侧向分型抽芯塑料模具、定模设有推出机构的塑料模具、自动卸螺纹的塑料模具、热流道塑料模具等等。

3.2　塑料模具设计程序

模具设计者，必须按用户提出的要求认真设计模具，在进行模具设计前需将用户的各项要求逐一具体化，并以图样或技术文件的形式表示出来。模具课程设计一般依据设计任务书的要求来完成模具设计，其设计过程基本按以下程序进行。

1. 对设计任务书的理解

在进行模具设计之前，首先要认真阅读模具设计任务书，了解塑件的用途及性能要求，了解所用塑料的性能、名称、牌号，分析塑件的形状、结构、尺寸、尺寸精度、表面粗糙度等要求以及其他一些技术要求的合理性。

不清楚的事项应及时与指导教师（用户）沟通。

2．成形设备型号的确定

成形设备规格的确定主要是根据塑件的成形工艺、大小及生产批量。设计者在选择成形设备时主要应考虑容量、锁模力、成形压力、拉杆间距、最大、最小模具厚度、顶出形式、顶出位置、顶出行程、开模距离等。

3．型腔数的确定及型腔排列

型腔数量的确定主要是根据制品的质量、投影面积、几何形状（有无抽芯）、制品精度、批量以及经济效益来确定，以上这些因素有时是互相制约的，在确定设计方案时，须进行协调，以保证满足其主要条件。

型腔数量确定之后，便进行型腔的排列。型腔的排列涉及模具尺寸、浇注系统的设计、浇注系统的平衡、抽芯机构的设计、镶件及型芯的设计以及温度调节系统的设计。以上这些问题又与分型面及浇口的位置选择有关，所以在具体设计过程中，要进行必要的调整，以达到比较完善的设计。

4．分型面的确定

分型面的形状一般为平面，有时由于塑件的结构形状较为特殊，需采用曲面分型。分型面的选择应注意以下几点：

1）不影响塑件外观，尤其是对外观有明确要求的制品，更应注意分型面对外观的影响。

2）有利于保证塑件的精度要求。

3）有利于模具加工，特别是型腔的加工。

4）有利于浇注系统、排气系统、冷却系统的设计。

5）便于制品的脱模，尽量使塑件开模时留在动模一边。

5．侧向分型抽芯机构的确定

在设计侧向分型抽芯机构时，应确保其安全可靠，尽量避免与脱模机构发生干扰，否则应设置先复位机构。

6．浇注系统的设计

浇注系统的设计包括主流道设计，分流道截面形状及尺寸的确定，分流道的布置，浇口的形式及尺寸的确定，浇口位置的选择。

在设计浇注系统时，首先是浇口位置的选择。浇口位置选择的适当与否，将直接关系到制品的成形质量及注射过程是否能顺利进行。

7．排气系统的设计

排气系统对确保制品成形质量起着至关重要的作用，排气方式有以下几种：

1）利用排气槽排气。

2）利用型芯、镶件、推杆等的配合间隙排气，利用分型面上的间隙排气。

3）有时为了防止制品在顶出时造成真空而变形，必须设进气装置。

8．冷却系统的设计

冷却系统的设计是一项比较繁琐的工作，既要考虑冷却效果及冷却的均匀性，又要考虑冷却系统对模具整体结构的影响。冷却系统的设计包括以下内容：

1）冷却系统的排列方式及冷却系统的具体形式。

2）冷却系统的具体位置及尺寸的确定。

3）重点部位如动模型芯或镶件的冷却。

4）侧滑块及侧型芯的冷却。

5）冷却元件的设计及冷却标准元件的选用。

6）密封结构的设计。

9. 脱模机构的设计

制品顶出是注射成形过程中的最后一个环节，顶出质量的好坏将最后决定制品的质量，因此，制品的顶出是不可忽视的。在设计脱模机构时应遵循下列原则：

1）为使制品不致因顶出而产生变形，推力点应尽量靠近型芯或难于脱模的部位。推力点的布置应尽量均匀。

2）推力点应作用在制品刚性好的部位，如肋部、突缘、壳体形制品的壁缘等处。

3）尽量避免推力点作用在制品的薄平面上，防止制品破裂、穿孔等。如壳体形制品及筒形制品多采用推件板脱模。

4）为避免顶出痕迹影响制品外观，顶出位置应设在制品的隐蔽面或非装饰面，对于透明件尤其要注意顶出位置及顶出形式的选择。

5）为使制品在顶出时受力均匀，同时避免因真空吸附而使制品产生变形，往往采用复合顶出或特殊形式的顶出系统。如推杆和推件板或推杆和推管复合顶出，或采用进气式推杆、推块等顶出装置，必要时还应设置进气阀。

10. 导向机构的设计

一般导向分为动、定模之间的导向，推板的导向，推件板的导向。一般导向装置由于受加工精度的限制或使用一段时间之后，其配合精度降低，会直接影响制品的精度，因此对精度要求较高的制品必须另行设计精密导向定位装置。

当采用标准模架时，因模架本身带有导向装置，一般情况下，设计者只要按模架规格选用即可。若需采用精密导向定位装置时，则须由设计人员根据模具结构进行具体设计。

11. 模架的确定和标准件的选用

以上内容确定之后，便根据所定内容设计模架。在设计模架时，尽可能地选用标准模架，确定出标准模架的形式、规格及标准代号。

标准件包括通用标准件及模具专用标准件两大类。通用标准件如紧固件等。模具专用标准件如定位圈、浇口套、推杆、推管、导柱、导套、模具专用弹簧、冷却及加热元件，顺序分型机构及精密定位用标准组件等。

在设计模具时，应尽可能地选用标准模架和标准件，因为标准件有很大一部分已经商品化，随时可在市场上买到，这对缩短模具制造周期，降低制造成本是极其有利的。

模架尺寸确定之后，对模具有关零件要进行必要的强度或刚度计算，以校核所选模架是否适当，尤其是对大型模具，这一点尤为重要。

12. 模具材料选用

模具成形零件材料的选用，主要根据制品的批量、塑料类别来确定。对于高光泽或透明的制品，主要选用4Cr13等马氏体不锈钢或时效硬化钢；含有玻纤增强的塑料制品，应选用Cr12MoV等类型的具有高耐磨性的淬火钢；当制品材料为聚氯乙烯、聚甲醛或含有阻燃剂时，必须选用耐蚀不锈钢；制品为一般塑料，通常用调质钢，若制品批量大，则应选用淬火钢。

13．绘制模具装配图

以上项目内容确定之后，便可以绘制装配图。在绘制装配图过程中，对已选定的浇注系统、冷却系统、抽芯机构、脱模机构等作进一步的协调和完善，从结构上达到比较完美的设计。

装配图的重点是表达各零件之间的装配关系及相对位置，并不要求把每个零件的内外形状完全表达出来，模具装配图的绘制必须遵循"机械制图"国家标准。其画法与机械制图画法在原则上没有什么区别，一般以三个视图为主（简单的可用两个或一个视图）。一个是动模或定模分型面的投影视图，一般采用动模分型面的投影视图，当分型面上定模边形状较复杂时，可采用定模分型面的投影视图。用此图一般可表达型腔的周围形状，型腔的数量及排列布置，浇口位置，导柱、推杆等的布置状况。一个是动定模合模状态下的主剖视图，用此图可表达模具各零件间的装配关系；当零件数量较多，装配关系较复杂时，可再采用一个动定模合模状态下的左剖视图。剖视图常采用半剖、阶梯剖、局部剖。当用上述三个视图还不能完整、清楚地表达各零件间的装配关系时，还可再增加一些局部视图。

绘制装配图时，应注意模具和所用注射机之间的相互对应关系。装配图上须标注必要的尺寸，如外形尺寸、特征尺寸（定位圈直径、高度，注射机推杆所对应的推杆孔位置等）、安装尺寸、配合尺寸、配合代号、极限尺寸（活动零件的起止位置），并注写技术要求，填写标题栏、明细表。

14．非标准模具零件图绘制

在绘制成形零件的零件图时，必须注意所给定的成形尺寸、公差及脱模斜度是否相互协调，其设计基准是否与制品的设计基准相协调。同时还要考虑凹模、型芯在加工时的工艺性及使用时的力学性能及其可靠性。

绘制零件图时，要把零件的每一部位都表达清楚。尺寸标注应考虑到加工和检验的方便，齐全而又不重复。零件图上应注写技术要求，技术要求一般包括有：尺寸精度、表面粗糙度、形位公差、表面镀涂层、零件材料、热处理以及加工、检验的要求等项目。有的可直接用符号注写在图样上（如尺寸公差、表面粗糙度、形位公差），有的可用文字注写在图样下方。

15．编写设计计算说明书

在进行模具课程设计和毕业设计时，通常还要求学生编写设计计算说明书。说明书要求论理透彻，文字简练，书写整洁，计算正确，附有必要的图、表、公式。计算部分只需列出公式，代入数值、直接得出结果，不要把运算过程全部写出。

说明书的页次排列可为：封面、目录、任务书、说明书正文、参考资料编号。

说明书正文的内容，建议如下：

1）制品的结构特征分析，塑料的性能，特别是与模具设计相关的性能。

2）注射机的选择及工艺参数的校核。

3）模具总体方案的确定：成形位置、分型面位置、浇注系统的形式、浇口位置、侧向分型抽芯机构、脱模机构、温度调节系统、成形零件的结构等的确定（可用一些图帮助说明各结构方案确定的理由）。

4）成形零件工作尺寸的计算。

5）有关零件的刚度、强度的计算校核。

6）其他有关的计算。

7）模具的动作过程。

8）本设计的优缺点分析。

3.3 塑料模具设计实例

1. 基座注射模设计

（1）塑件的工艺分析

1）塑件的原材料分析。塑件结构如图 3-2 所示，塑件的材料采用增强聚丙烯（本色），属热塑性塑料。从使用性能上看，该塑料具有刚度好、耐水、耐热性强，其介电性能与温度和频率无关，是理想的绝缘材料；从成形性能上看，该塑料吸水性小，熔料的流动性较好，成形容易，但收缩率大。另外，该塑料成形时易产生缩孔、凹痕、变形等缺陷，成形温度低时，方向性明显，凝固速度较快，易产生内应力。因此，在成形时应注意控制成形温度，浇注系统应较缓慢散热，冷却速度不宜过快。

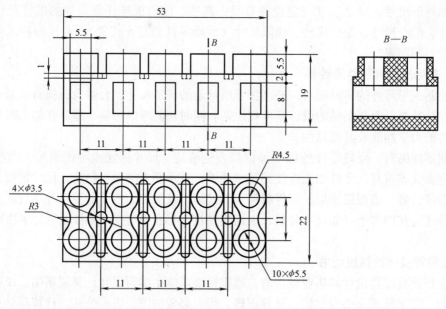

图 3-2 基座

2）塑件的结构和尺寸精度、表面质量分析：

①结构分析。从零件图上分析，该零件总体形状为长方形，侧面有 5 个 8mm×5.5mm 的方孔，模具设计时必须设置侧向分型抽芯机构；上面有 5 个凸台，凸台中间各有两个 $\phi5.5$ 的通孔，共有 10 个通孔。该零件属于中等复杂程度。

②尺寸精度分析。该零件重要尺寸有：$\phi5.5$mm、8mm×5.5mm、11mm 等，精度为 3 级；其余为次要尺寸，尺寸精度为 5 级。该零件的尺寸精度中等偏上，对应的模具零件的尺寸精度要求较高。从塑件的壁厚上来看，最大壁厚为 5.5mm，最小壁厚为 0.875mm，壁厚差为 4.625mm。壁厚差较大，塑件不够均匀，浇口应设置在最厚处，便于熔融塑料充满型

腔、塑件成形。

③表面质量分析。该零件的表面除要求没有缺陷、毛刺，内部不得有导电杂质外，没有特别的表面质量要求。但安装、使用中其表面与人的手指接触较多，因此表面最好自然形成圆角。

（2）计算塑件的体积和重量　计算塑件的重量是为了选用注射机及确定型腔数。计算塑件的体积为 $V = 10.22\mathrm{cm}^3$，查得增强聚丙烯的密度为 $\rho = 1.04\mathrm{kg \cdot cm^{-3}}$，塑件的重量为 $W = \rho V = 10.63\mathrm{kg}$。

采用一模两件的模具结构，考虑其外形尺寸、注射时所需压力等情况，初步选用注射机型号为 XS-Z-60。

（3）塑件注射工艺参数的确定　查表增强聚丙烯的成形工艺参数：成形温度为 230～290℃、注射压力为 70～140MPa 等。工艺参数在试模时可作适当调整。

（4）注射模的结构设计

1）分型面选择。模具设计中，分型面的选择很关键，它决定了模具的结构。应根据分型面选择原则和塑件的成形要求来选择分型面。选用如图 3-3 所示的分型方式较为合理。

2）确定型腔的排列方式。本塑件在注射时采用一模两件，即模具需要两个型腔。综合考虑浇注系统、模具结构的复杂程度等因素，拟采取如图3-4 所示的型腔排列方式。这种排列方式的最大优点是便于设置侧向分型抽芯机构；其缺点是熔料进入型腔后

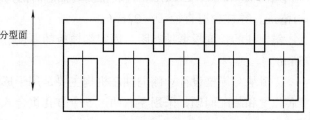

图 3-3　基座模具分型面选择

到达另一端的熔料流程较长，但因该塑件较小，故对成形没有太大影响。

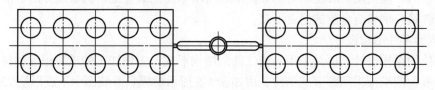

图 3-4　型腔排列方式

3）浇注系统设计

①主流道设计。查得 XS-Z-60 型注射机喷嘴的有关尺寸为喷嘴前端孔径 $d_0 = \phi 4\mathrm{mm}$；喷嘴前端球面半径 $R_0 = 12\mathrm{mm}$。

根据模具主流道与喷嘴的关系 $R = R_0 + （1 \sim 2）$ mm 及 $d = d_0 + （0.5 \sim 1）$ mm，取主流道球面半径 $R = 13\mathrm{mm}$，小端直径 $d = 4.5\mathrm{mm}$。

为了便于将凝料从主流道中拔出，将主流道设计成圆锥形，其斜度为 1°～3°，经换算得主流道大端直径 $D = 8.5\mathrm{mm}$。为了使熔料顺利进入分流道，可在主流道出料端设计半径 $r = 5\mathrm{mm}$ 的圆弧过渡。

②分流道设计。分流道的形状及尺寸，应根据塑件的体积、壁厚、形状的复杂程度、注射速率、分流道长度因素来确定。塑件的形状不算太复杂，熔料填充型腔比较容易。根据型腔的排列方式可知分流道的长度较短，为了便于加工，选用截面形状为半圆形分流道，查表

取 $R = 4\text{mm}$。

③浇口设计。根据塑件的成形要求及型腔的排列方式，选用侧浇口较为理想，如图 3-4 所示。设计时考虑选择从壁厚为 5.5mm 处进料，料由厚处往薄处流，与分型面同面，有利于填充、排气。侧浇口截面采用矩形，初选尺寸为 $1\text{mm} \times 0.08\text{mm} \times 0.6\text{mm}$（$b \times L \times h$），试模时修正。

4）抽芯机构设计。塑件侧壁有 5 个方孔，它们均垂直于脱模方向，阻碍成形后塑件从模具脱出。因此成形模必须设置抽芯机构，本模具采用斜导柱抽芯机构。

①确定抽芯距。抽芯距一般应大于成形孔（或凸台）的深度，塑件孔深为 22mm，且是通孔，所以采用两边对称抽芯，则孔深为 11mm。

$$S = h + (2 \sim 3) = 14\text{mm}$$

②确定斜导柱倾角。斜导柱的倾角是斜抽芯机构的主要技术数据之一，它与抽拔力以及抽芯距有直接关系，一般取 $\alpha = 15° \sim 20°$，选取 $\alpha = 20°$。

③确定斜导柱的尺寸。斜导柱的直径取决于抽芯力及其倾斜角度。抽芯力 $F_\text{c} = ChP(\mu\cos\alpha - \sin\alpha) \approx 6\text{kN}$。查表得侧向抽芯时的弯曲力 $F_\text{k} = 7\text{kN}$，查表得斜导柱的直径 $d = 16\text{mm}$，导柱台肩直径 $D = 22\text{mm}$。

斜导柱的长度根据抽芯距、固定端模板的厚度、斜销直径及斜角大小确定。计算得 $L \approx 75\text{mm}$。

④滑块与导槽设计。侧向抽芯机构主要是用于成形塑件的侧孔，由于侧孔较多，考虑到型芯强度和装配问题，采用左右两边 5 个方孔组合式结构。侧形芯与滑块的连接采用镶嵌方式。

为使模具结构紧凑，降低模具装配复杂程度，拟采用整体式滑块和整体导向槽的形式。为提高滑块的导向精度，装配时可对导向槽或滑块采用配磨、配研的装配方法。滑块的定位装置采用弹簧、钢珠与台阶的组合形式。

5）成形零件结构设计

①凹模的结构设计。模具采用一模二件的结构形式，考虑加工的难易程度和材料的价值利用等因素，凹模拟采用镶嵌式结构，由如图 3-5 所示的模具总装图中下成形块 23、上成形块 17 和斜滑块组成塑件成形型腔。

②凸模结构设计。凸模主要由型芯 18 和侧型芯组成。

（5）模具设计的有关计算

1）型腔和型芯工作尺寸计算。型腔和型芯工作尺寸计算见表 3-1。

2）型腔侧壁厚度和底板厚度计算

①下凹模成形块型腔侧壁厚度计算。下凹模成形块型腔为组合式矩形型腔，根据组合式矩形侧壁厚度计算公式

$$h = \sqrt[3]{\frac{phl^4}{32EHe_\text{许}}}$$

根据塑料种类、塑件的结构复杂度、模具温度等因素选择型腔内熔体的平均压力 $p = 35\text{MPa}$、型腔深度 $h = 12\text{mm}$、型腔长度 $l = 53\text{mm}$、模具钢弹性模量 $E = 2.1 \times 10^5\text{MPa}$、$H = 35\text{mm}$（初定）、模具钢 $e_\text{许} = 0.035\text{mm}$，代入公式计算得

$$h = \sqrt[3]{\frac{phl^4}{32EHe_{\text{许}}}} \approx 7.02\,\text{mm}$$

考虑到下模成形块还需安放侧型芯机构，故取下凹模镶块的外形尺寸为 80mm×50mm。

表 3-1　型腔、型芯工作尺寸计算

增强聚丙烯的收缩率为 $s = 0.4\% \sim 0.8\%$，平均收缩为 $s_{\text{cp}} = 0.6\%$，模具制造公差取 $\delta_Z = \dfrac{\Delta}{4}$

类型	模具零件名称	塑件尺寸	计算公式	计算结果
型腔	下成形块	$53_{-0.46}^{0}$	$L_M = \left(L_s + L_s S_{\text{cp}} - \frac{3}{4}\Delta\right)_0^{+\delta}$	$52.97_0^{+0.115}$
		$22_{-0.28}^{0}$	$L_M = \left(L_s + L_s S_{\text{cp}} - \frac{3}{4}\Delta\right)_0^{+\delta}$	$21.92_0^{+0.07}$
		$12_{-0.22}^{0}$	$H_M = \left(H_s + H_s S_{\text{cp}}\% - \frac{2}{3}\Delta\right)_0^{+\delta}$	$11.93_0^{+0.055}$
	上成形块	$R4.5_{-0.18}^{0}$	$L_M = \left(L_s + L_s S_{\text{cp}} - \frac{3}{4}\Delta\right)_0^{+\delta}$	$R4.39_0^{+0.045}$
		$R3_{-0.16}^{0}$	$L_M = \left(L_s + L_s S_{\text{cp}} - \frac{3}{4}\Delta\right)_0^{+\delta}$	$R2.9_0^{+0.04}$
		$5.5_{-0.18}^{0}$	$H_M = \left(H_s + H_s S_{\text{cp}}\% - \frac{2}{3}\Delta\right)_0^{+\delta}$	$5.41_0^{+0.045}$
型芯	主型芯	$\phi5.5_0^{+0.08}$	$L_M = \left(L_s + L_s S_{\text{cp}}\% + \frac{3}{4}\Delta\right)_{-\delta}^{0}$	$\phi5.59_{-0.02}^{0}$
		$7.5_0^{+0.2}$	$h_M = \left(h_s + h_s S_{\text{cp}}\% + \frac{2}{3}\Delta\right)_{-\delta}^{0}$	$7.68_{-0.05}^{0}$
	间槽型芯	$\phi3.5_0^{+0.18}$	$L_M = \left(L_s + L_s S_{\text{cp}}\% + \frac{3}{4}\Delta\right)_{-\delta}^{0}$	$3.66_{-0.045}^{0}$
		$1_0^{+0.16}$	$h_M = \left(h_s + h_s S_{\text{cp}}\% + \frac{2}{3}\Delta\right)_{-\delta}^{0}$	$1.11_{-0.04}^{0}$
	侧型芯	$8_0^{+0.1}$	$L_M = \left(L_s + L_s S_{\text{cp}}\% + \frac{3}{4}\Delta\right)_{-\delta}^{0}$	$8.12_{-0.025}^{0}$
		$5.5_0^{+0.08}$	$L_M = \left(L_s + L_s S_{\text{cp}}\% + \frac{3}{4}\Delta\right)_{-\delta}^{0}$	$5.59_{-0.02}^{0}$
		$11_0^{+0.22}$	$h_M = \left(h_s + h_s S_{\text{cp}}\% + \frac{2}{3}\Delta\right)_{-\delta}^{0}$	$11.21_{-0.055}^{0}$
中心距	孔距	11 ± 0.06	$C_M = (C_s + C_s S_{\text{cp}}\%) \pm \frac{\delta_z}{2}$	11.07 ± 0.015

②下凹模成形块底板厚度计算。根据组合式型腔底板厚度计算公式

$$t = \sqrt{\frac{3pbL^2}{4B[\sigma]}}$$

型腔内熔体压力 $p = 35\,\text{MPa}$、底板受压宽度 $b = 22\,\text{mm}$、型腔长度 $L = 53\,\text{mm}$、底板总宽 $B = 50\,\text{mm}$，底板材料选定为 45 钢，$[\sigma] = 160\,\text{MPa}$。

$$t = \sqrt{\frac{3pbL^2}{4B[\sigma]}} \approx 14.24\,\text{mm}$$

考虑模具的整体结构协调，取 $t = 28\,\text{mm}$。

③上凹模型腔侧壁厚的确定。上凹模成形块型腔为矩形整体式型腔，其尺寸是根据下凹

模成形块的外形尺寸来确定，在此不再计算。

3）模具加热和冷却系统的计算。本塑件在注射成形时不要求有太高的模温，因而在模具上可不设加热系统。是否需要冷却系统可作如下设计计算。

设定模具平均工作温度为 40℃，用常温 20℃ 的水作为模具冷却介质，其出口温度为 30℃，聚丙烯注射成形周期为 40～120s，选定成形周期为 90s，则确定注射次数为 18 次/h，塑件的质量为 10.63kg，塑料体积为 $V_{料} = V\gamma\nu = 11 \times 1.05 \times 1.1 = 12.7\text{cm}^3$，加上浇注系统每次注入模具塑料质量约为 45g，冷却水的密度为 1g/cm^3，比热容为 $4.2 \times 10^3\text{J/kg}\cdot℃$，聚丙烯塑料的密度 γ 为 1.05g/cm^3，比体积 ν 为 $1.1\text{cm}^3/\text{g}$，单位热流量为 $59 \times 10^4\text{J/kg}$，计算塑料注射模冷却时所需要的冷却水量 V

$$V = \frac{nm\Delta h}{60\rho c(t_1 - t_2)} = \frac{18 \times 0.045 \times 59 \times 10^4}{60 \times 10^3 \times 4.2 \times (30 - 20)}\text{m}^3/\text{min} = 0.19\text{m}^3/\text{min}$$

因为模具每分钟所需的冷却水体积流量较小，故可不设冷却系统，依靠空冷的方式冷却模具即可。

4）模具闭合高度的确定。确定定模固定板高度 $H_1 = 25\text{mm}$；定模板高度 $H_2 = 25\text{mm}$；下成形块高度 $H_3 = 40\text{mm}$；支承板高度 $H_4 = 20\text{mm}$；动模固定板高度 $H_6 = 25\text{mm}$；根据推出行程和推出机构的结构尺寸确定垫块高度 $H_5 = 60\text{mm}$。因而模具的闭合高度

$$H = H_1 + H_2 + H_3 + H_4 + H_5 + H_6 = （25 + 25 + 40 + 20 + 60 + 25）\text{mm} = 195\text{mm}$$

5）注射机有关参数的校核。本模具的外形尺寸为 $280\text{mm} \times 190\text{mm} \times 190\text{mm}$，XS-Z-60 型注射机模板最大安装尺寸为 $350\text{mm} \times 280\text{mm}$，故能满足模具的安装要求。

由上述的计算模具的闭合高度 $H = 195\text{mm}$，XS-Z-60 型注射机所允许模具的最小厚度 $H_{\min} = 70\text{mm}$，最大厚度 $H_{\max} = 200\text{mm}$，即模具满足 $H_{\min} \leqslant H \leqslant H_{\max}$ 的安装条件。

经查资料 XS-Z-60 型注射机的最大开模行程 $S = 180\text{mm}$，满足出件要求。由于侧分抽芯距较短，不会过大增加开模距离，注射机的开模行程足够。

经校核 XS-Z-60 型注射机能够满足使用要求，故可采用。

（6）绘制模具总装图　基座注射成形模具总装图如图 3-5 所示。

本模具的工作原理：模具安装在注射机上，定模部分固定在注射机的定模板上，动模固定在注射机的动模板上。合模后，注射机通过喷嘴将熔料经流道注入型腔，经保压，冷却后塑件成形。开模时动模部分随动板一起运动，渐渐将分型面打开，与此同时在斜导柱作用下，侧抽芯滑块从型腔中退出，完成侧抽芯动作。当分型面打开到 50mm 时，动模运动停止，在注射机顶出装置作用下，推动推杆运动将塑件顶出。合模时，随着分型面的闭合，侧型芯滑块复位至型腔，同时复位杆也对推杆进行复位。

2．框架压缩模

如图 3-6 所示，框架塑料件图，材料为酚醛塑料，大批生产，下面为该塑件模塑成形压缩模具设计过程。

（1）塑件成形工艺制定

1）塑件工艺性分析

①对制品的原材料分析。酚醛 11-1（D141）热固性塑料具有优良的可塑性，压缩成形工艺性能良好，制品表面光亮度较高，且力学性能和电绝缘性优良，特别适合用作电气绝缘结构类零件。该塑料的比体积 $\nu = 1.8～2.8\text{cm}^3\cdot\text{g}^{-1}$、压缩比 $k = 2.5～3.5$、密度 $\gamma = 1.4$

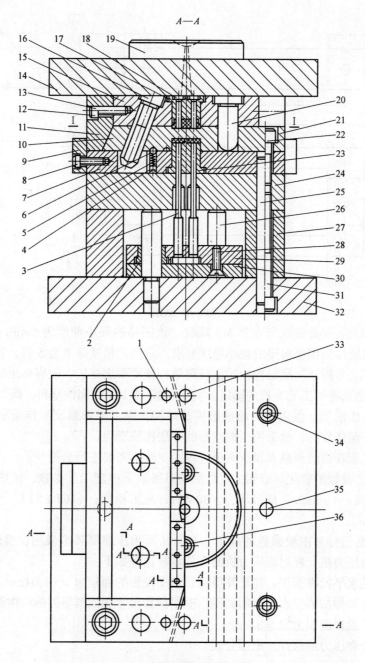

图 3-5 基座模具总装图

1、13、25、35—销钉 2—带头导套 3—推杆 4—螺塞 5—弹簧 6—钢珠

7—动模板 8、12、22、28、31、34、36—螺钉 9—挡块 10—斜滑块 11—锁紧楔 14—定模固定板

15—定模板 16—斜导柱 17—上成形块 18—型芯 19—浇口套 20—带头导柱

21—导滑板 23—下成形块 24—支承板 26—导柱 27—垫块

29—推杆固定板 30—推板 32—动模固定板 33—复位杆

$g \cdot cm^{-3}$、收缩率 $Q = 0.6\% \sim 1\%$。该塑料的成形性较好，但收缩率及收缩的方向性较大，硬化速度较慢，故压制时应引起注意。

②制品的结构、尺寸精度与表面质量分析。从结构上来看，该制品为框形，中间有槽，

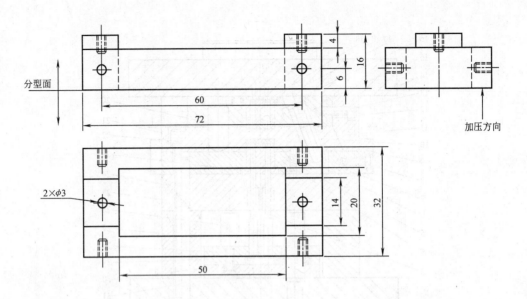

图 3-6　框架

在制品两侧面和上表面处镶嵌有 6 个 M3 螺纹。该制品的最小壁厚为 6mm，满足该塑料的壁厚要求和螺纹嵌件周围塑料层的最小厚度要求。制品的精度等级为 5 级，表面质量也无特殊要求。从整体上分析该制品结构相对比较简单，精度要求一般，故容易压制成形。

2）模塑方法选择及工艺流程的确定。由于酚醛 11-1 属热固性塑料，既可用压缩方法成形也可用压注方法成形，但由于压缩成形模具结构简单，成形修复工作量小，成形工艺简单，操作简单，经济性好，故采用压缩成形的方法比较理想。

其模塑工艺流程需经预热和预压两个过程，一般不需要进行后处理。

3）模塑工艺参数的确定。查相关设计资料可得如下模塑工艺参数，预热温度：（140 ± 10)℃；预热时间：4 ~ 8min；成形压力：30MPa；成形温度：(165 ± 5)℃；保持时间：0.8 ~ 1.0（min/mm)。

4）压制设备型号与主要参数的确定。该制品所用压缩模具拟采用单型腔半溢式结构。压制设备采用液压力机，现对液压力机的有关参数选择如下：

①计算制品水平投影面积。经计算得制品水平投影的面积 $A = 13.04\text{cm}^2$。

②初步确定延伸加料腔水平投影面积。根据制品尺寸和加料型腔的结构要求，初步选定加料型腔的水平投影面积为 $A = 32\text{cm}^2$。

③压力机公称压力的选择。根据公式

$$F_{机} = Fk = pAnk$$

单位成形压力 $p = 1200\text{N/cm}^2$；型腔个数 $n = 1$；修正系数 $k = 1.15$。代入上式得

$$F_{机} = 1200 \times 32 \times 1 \times 1.15\text{N} = 44.2\text{kN}$$

根据 $F_{机}$ 查表，选型号为 45 型的液压力机。

45 型液压力机的主要参数如下：公称压力为 450kN；封闭高度为 650mm；滑块最大行程为 250mm。

由封闭高度和滑块最大行程两参数可知压缩模的最小闭合高度需 400mm。由于制品较小，模具闭合高度不会太大，实际操作时可通过加垫块的形式来达到压力机闭合高度的要求。

拟采用移动式压缩模，故开模力和脱模力可不进行校核。

（2）压缩模的设计步骤

1）确定模具结构方案

①加压方向与分型面的选择。根据压缩模加压方向和分型面选择的原则以及嵌件安放的方便性，采用如图 3-6 所示的加压方向和分型面。选择这样的加压方向有利于压力传递，便于加料和安放嵌件，图示分型制品外表无接痕，可保证制品质量。

②型腔凹模与上型芯之间的配合形式。为了便于排气、溢料，在型腔上设置一段引导环 a，$a = 8mm$，其斜角 $\alpha = 1°$。为保证型腔凹模与上型芯定位准确、控制溢料量，在两者之间应有一定的配合高度 b，$b = 5mm$，采用 H8/f7 配合。在型腔凹模与加料腔接触表面处设有挤压环 c，$c = 3mm$。型腔凹模与上型芯之间的结构形式如图 3-7 所示。

③确定成形零件的结构形式。为了降低模具制造难度，方便嵌件安放和取出，拟采用组合型腔的结构，详见模具结构总装图。

2）模具设计的有关计算

①型腔工作尺寸计算

a）型腔径向尺寸计算。塑件尺寸精度 5 级，

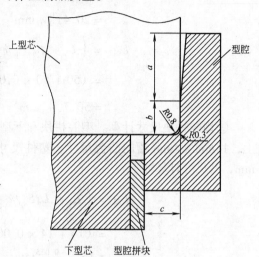

图 3-7 型腔凹模与上型芯配合结构图

其公差值查表得：$72_{-0.52}^{0}\,mm$、$32_{-0.38}^{0}\,mm$，D141 塑料的平均收缩率 $S_{cp} = \dfrac{0.6 + 1.0}{2}\% = 0.8\%$，模具制造公差 $\delta = \Delta/4$，型腔径向尺寸计算如下

$$L_{M1} = \left(L_s + L_s S_{cp} - \frac{3}{4}\Delta \right)_{0}^{+\delta}$$

$$= (72 + 72 \times 0.008 - 0.75 \times 0.52)_{0}^{+\frac{0.52}{4}}\,mm$$

$$= 72.2_{0}^{+0.13}\,mm$$

$$L_{M2} = \left(L_s + L_s S_{cp} - \frac{3}{4}\Delta \right)_{0}^{+\delta}$$

$$= (32 + 32 \times 0.008 - 0.75 \times 0.38)_{0}^{+\frac{0.38}{4}}\,mm$$

$$= 32_{0}^{+0.095}\,mm$$

b）型腔高度尺寸计算公式。塑件尺寸精度 5 级，其公差值查表得 $12_{-0.22}^{0}\,mm$，型腔径向尺寸计算如下

$$H_M = \left(H_s + H_s S_{cp}\% - \frac{2}{3}\Delta \right)_{0}^{+\delta}$$

$$= (12 + 12 \times 0.008 - 0.67 \times 0.22)_{0}^{+\frac{0.22}{4}}\,mm$$

$$= 11.9_{0}^{+0.055}\,mm$$

注意：由于型腔高度是经型腔拼块装入凹模后间接获得的，因此在模具装配时应注意保

证获得此尺寸。

②下型芯工作尺寸计算。塑件尺寸精度 5 级，其公差值查表得 $20^{+0.28}_{0}$、$50^{+0.4}_{0}$，型芯径向尺寸计算如下

$$L_{M1} = \left(L_s + L_s S_{cp}\% + \frac{3}{4}\Delta \right)^{0}_{-\delta}$$

$$= (20 + 20 \times 0.008 + 0.75 \times 0.28)^{0}_{-\frac{0.28}{4}}\ \text{mm}$$

$$= 20.4^{0}_{-0.07}\,\text{mm}$$

$$L_{M2} = \left(L_s + L_s S_{cp}\% + \frac{3}{4}\Delta \right)^{0}_{-\delta}$$

$$= (50 + 50 \times 0.008 + 0.75 \times 0.4)^{0}_{-\frac{0.4}{4}}\ \text{mm}$$

$$= 50.7^{0}_{-0.1}\,\text{mm}$$

③型腔拼块尺寸计算。型腔拼块和下型芯、型腔构成完整的凹模型腔，其主要成形制品上，14mm × 4mm 槽的凸台尺寸、塑件尺寸精度 5 级，其公差值查表得 $4^{0}_{-0.18}$mm、$14^{0}_{-0.22}$ mm，其尺寸计算如下

$$L_M = \left(L_s + L_s S_{cp}\% - \frac{3}{4}\Delta \right)^{+\delta}_{0}$$

$$= (14 + 14 \times 0.008 - 0.75 \times 0.22)^{+\frac{0.22}{4}}_{0}\ \text{mm}$$

$$= 13.9^{+0.055}_{0}\,\text{mm}$$

$$H_M = \left(H_s + H_s S_{cp}\% - \frac{2}{3}\Delta \right)^{+\delta}_{0}$$

$$= (4 + 4 \times 0.008 - 0.67 \times 0.18)^{+\frac{0.18}{4}}_{0}\ \text{mm}$$

$$= 3.9^{+0.045}_{0}\,\text{mm}$$

型腔拼块其余的外形与内腔尺寸应根据凹模与下型芯的有关实际尺寸进行配合加工，并保证型腔拼块与凹模之间的间隙为 0.02mm，与下型芯 8 采用过渡配合 H7/m6。

④凹模加料腔尺寸计算

a) 制品体积计算。根据制件零件图计算制品体积为 $(72 \times 32 \times 12 + 14 \times 4 \times 6 \times 2 - 20 \times 50 \times 12 - 3.14 \div 4 \times 3 \times 3 \times 4 \times 6)$ mm^3 = 16.15cm^3。考虑压缩过程中会有少量溢料（约为 5%），则考虑溢料情况下制品的体积为 17cm^3。

b) 塑料体积计算

$$V_{料} = V\gamma\nu$$

$$= 17 \times 1.4 \times 2.3\,\text{cm}^3$$

$$= 54.74\,\text{cm}^3$$

c) 加料腔高度计算。根据凸模与凹模配合形式中所选定的挤压环 $c = 3$mm，加料腔底面与加料腔侧壁用 $R = 0.3$mm 的圆角过渡，可算得加料腔的面积为 30.33cm^2。再根据半溢式压缩模加料腔计算公式，计算加料腔的高度尺寸

$$H = \frac{V - V_0}{A} + (0.5 \sim 1.0)$$

$$= \left[\frac{54.74 - 16.15}{30.33}\,\text{cm} + (0.5 \sim 1.0) \right]\ \text{cm}$$

$$= 1.3cm + (0.5 \sim 1.0)cm$$

取 $H = 2.2cm = 22mm$。

⑤型腔壁厚计算

$$t = \sqrt[3]{\frac{phL^4}{32EB[\delta]}}$$

式中，型腔内塑料的压力 p 为 35MPa；型腔高度 h 为 12mm；型腔径向长度 L 为 72mm；材料的弹性模量 E 为 2.1×10^5 MPa；底板总宽度 B 为 32mm；许用变形量 $[\delta] = 0.03mm$。

$$t = \sqrt[3]{\frac{35 \times 12 \times 72^4}{32 \times 2.1 \times 10^5 \times 32 \times 0.03}} \ mm$$

$$= 12.05mm$$

型腔壁厚取 13mm。

3. 模具加热与冷却系统设计

因为本例压制的是热固性塑料，故必须对模具进行加热。本模具拟采用专用加热板并采用电加热棒方式对模具进行加热。

1）加热所需电功率计算

$$P = qm$$

查表得，每 1kg 模具加热到成形温度时所需的电功率 q 为 $35W \cdot kg^{-1}$；模具重量 m 为 10kg，$P = 350W$。

2）选择电加热棒的数量。根据初步估计，本模具的外形尺寸，上、下加热板各用三根加热棒对模具进行加热。

3）电加热棒的规格

$$P_{每} = \frac{P}{n} = \frac{350}{6}W \approx 58W$$

查表，选用直径为 $\phi 13mm$，长度 $L = 60mm$ 的电加热棒。

模具的总装图如图 3-8 所示。模具工作原理：模具打开，将称量过的塑料原料加入型腔，然后闭模，将闭合模具移入液压机工作台面的垫板上（加入垫板是为了符合液压力闭合高度的要求），对模具进行加压加热，待制品固化成形后，将模具移出，在专用卸模架上脱模（卸模架对上、下模同时卸模）。

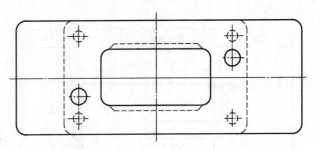

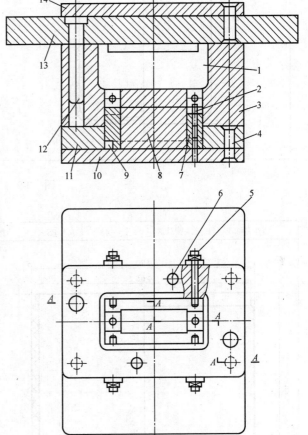

图 3-8 热固性塑料移动式压缩模
1—上型芯 2、5—嵌件螺杆 3—凹模 4—铆钉
6—导钉 7—型芯拼块 8—下型芯 9—型芯拼块
10—下模座板 11—下固定板 12—导钉
13—上固定板 14—上模座板

3.4 塑件图汇编（见图 3-9 ~ 图 3-68）

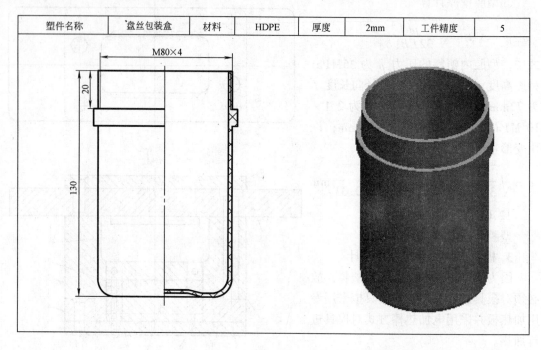

塑件名称	盘丝包装盒	材料	HDPE	厚度	2mm	工件精度	5

图   3-9

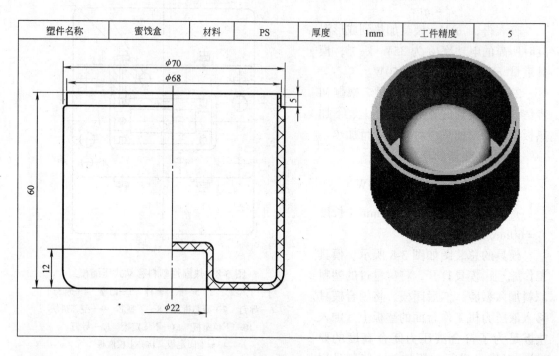

塑件名称	蜜饯盒	材料	PS	厚度	1mm	工件精度	5

图   3-10

塑件名称	蜜饯盒盖	材料	PS	厚度	1mm	工件精度	5

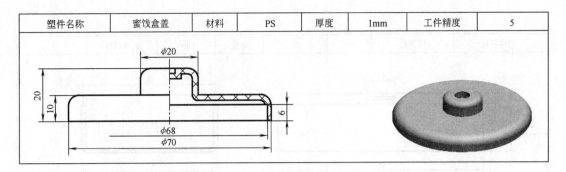

图　3-11

塑件名称	胶卷盒	材料	HDPE	厚度	1.5mm	工件精度	5

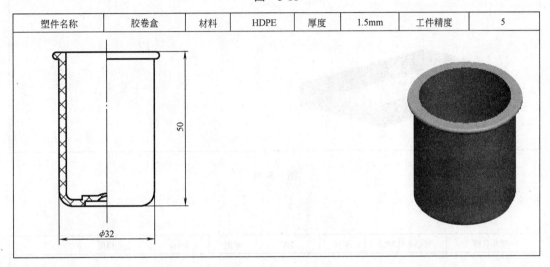

图　3-12

塑件名称	棉签盒盖	材料	PS	厚度	1mm	工件精度	4

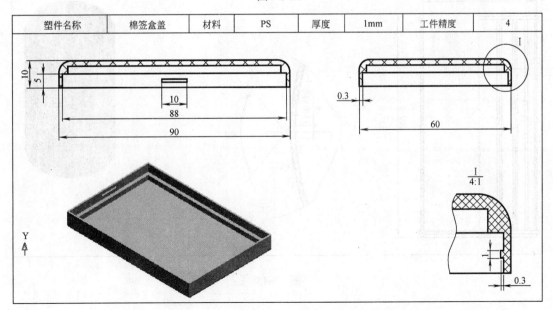

图　3-13

塑件名称	棉签盒	材料	PS	厚度	1mm	工件精度	5

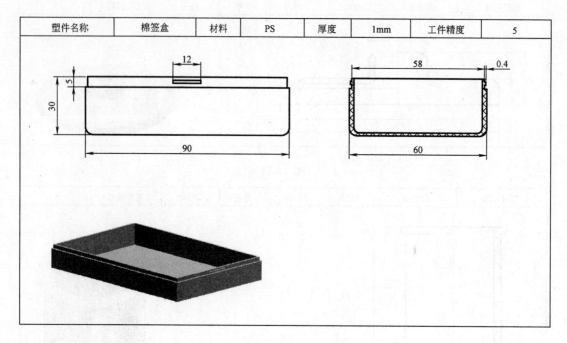

图 3-14

塑件名称	带肋条的容器	材料	PA	厚度	2mm	工件精度	5

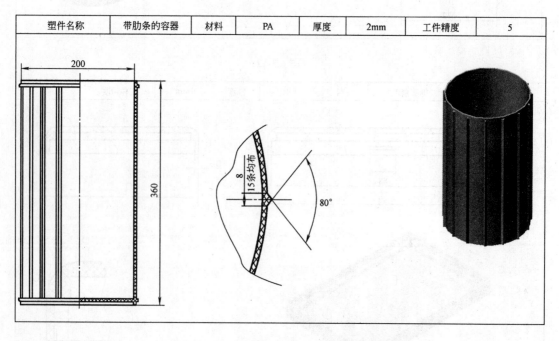

图 3-15

塑件名称	冷水壶	材料	PE	厚度	1.5mm	工件精度	5

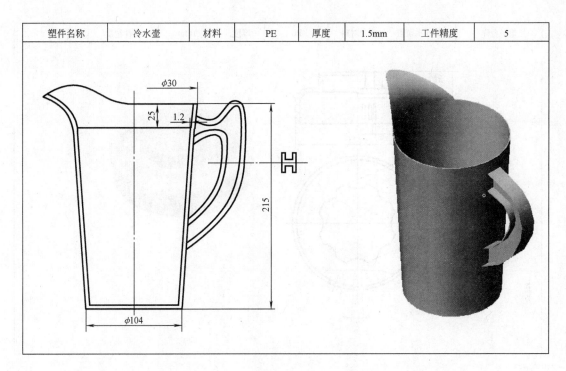

图　3-16

塑件名称	透气盖	材料	ABS	厚度	2mm	工件精度	5

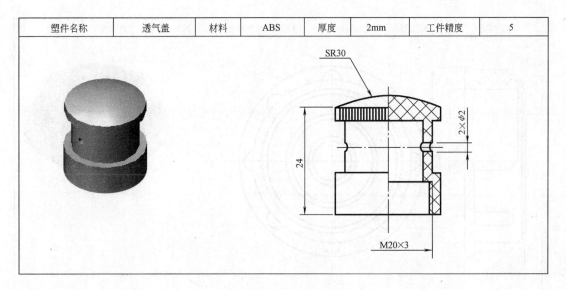

图　3-17

塑件名称	冷水壶盖	材料	PE	厚度	1mm	工件精度	5

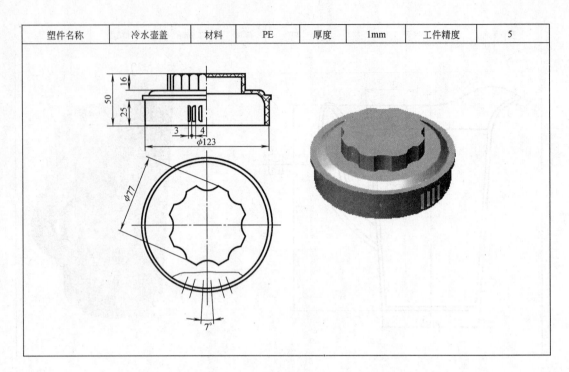

图　3-18

塑件名称	中空桶盖	材料	PE	厚度	如图	工件精度	4

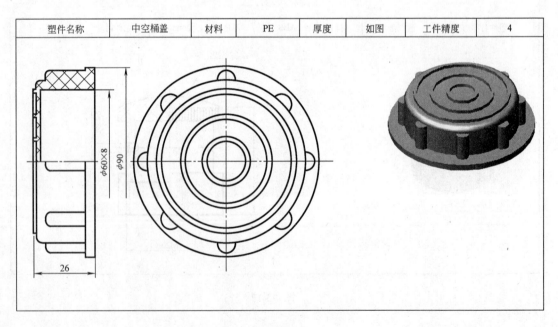

图　3-19

塑件名称	椭圆瓶盖	材料	ABS	厚度	外壁1mm，内孔2mm	工件精度	5

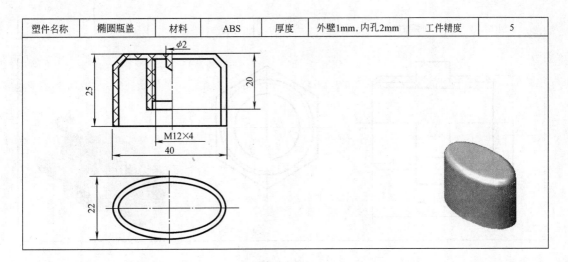

图　3-20

塑件名称	放大镜框	材料	ABS	厚度	如图	工件精度	4

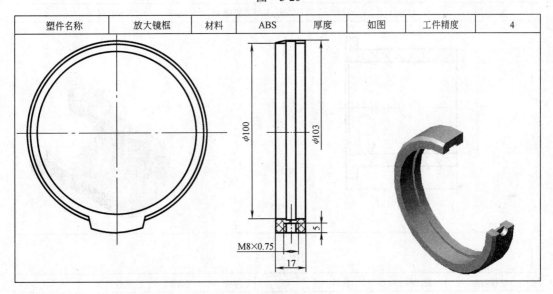

图　3-21

塑件名称	洗浴液压盖	材料	PP	厚度	如图	工件精度	5

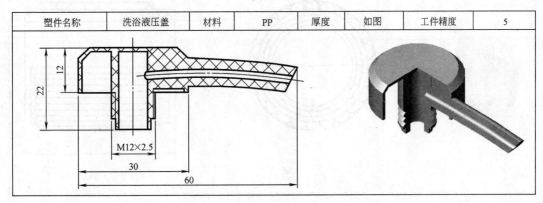

图　3-22

塑件名称	外螺纹接头	材料	PA	厚度	如图	工件精度	5

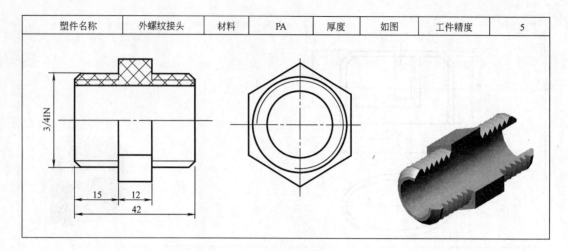

图 3-23

塑件名称	衬套	材料	PA	厚度	2mm	工件精度	5

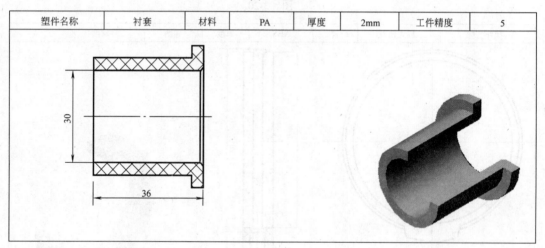

图 3-24

塑件名称	嵌件调压螺母	材料	PP	厚度	如图	工件精度	5

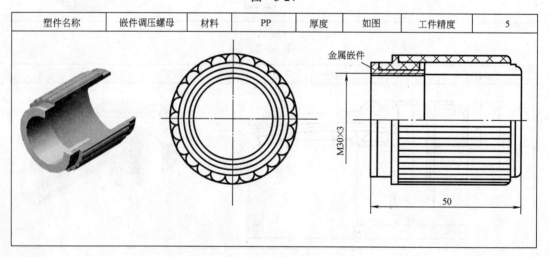

图 3-25

塑件名称	带密封槽管接头	材料	PVC	厚度	2mm	工件精度	5

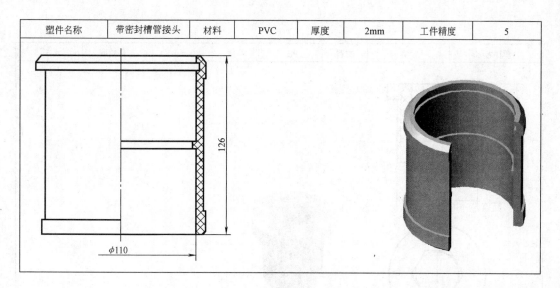

图　3-26

塑件名称	内螺纹弯头	材料	PP	厚度	1mm	工件精度	4

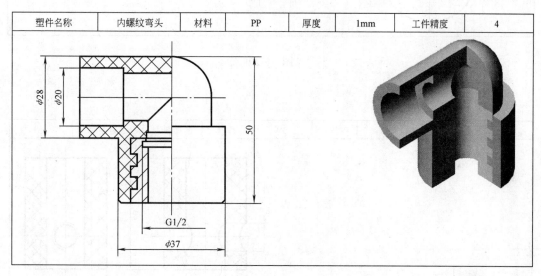

图　3-27

塑件名称	供水三通	材料	PP	厚度	如图	工件精度	5

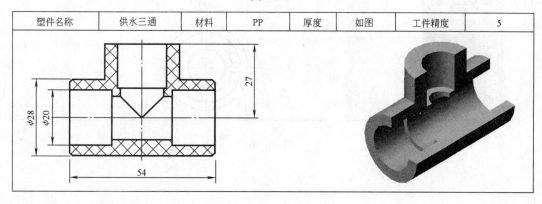

图　3-28

塑件名称	管堵	材料	PE	厚度	4mm	工件精度	5

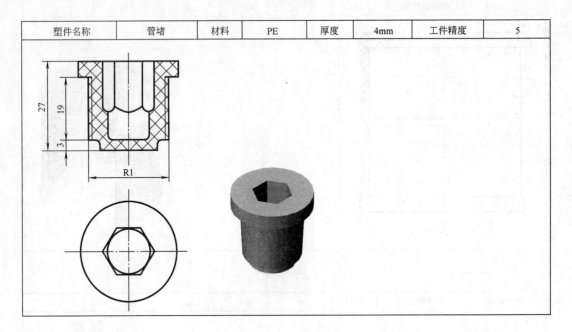

图　3-29

塑件名称	挂套	材料	PA	厚度	如图	工件精度	5

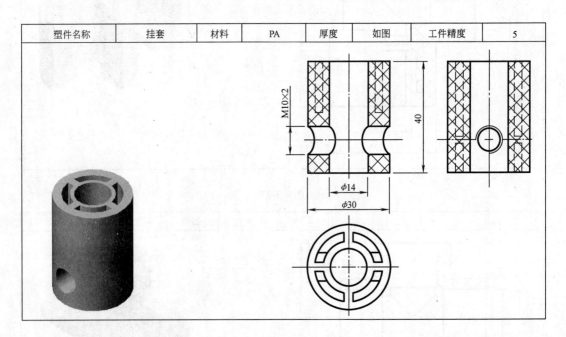

图　3-30

塑件名称	带侧台方套	材料	ABS	厚度	1mm	工件精度	4

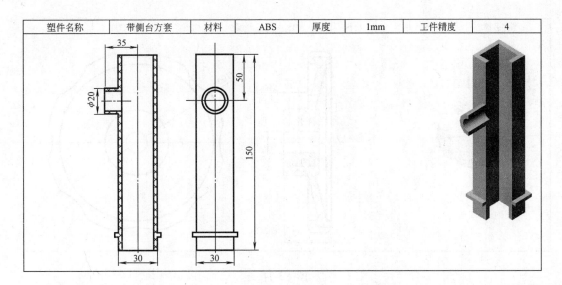

图 3-31

塑件名称	圆珠笔管	材料	ABS	厚度	1mm	工件精度	5

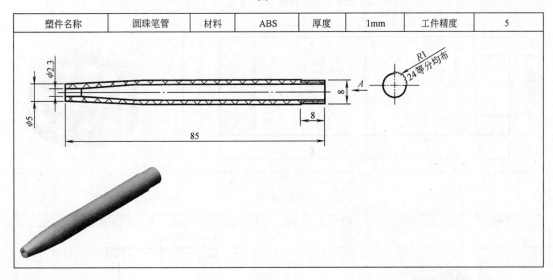

图 3-32

塑件名称	一次性注射器管	材料	PP	厚度	1mm	工件精度	3

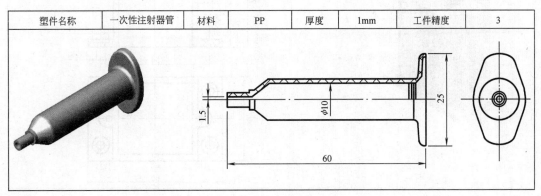

图 3-33

塑件名称	旋手柄	材料	ABS	厚度	如图	工件精度	4

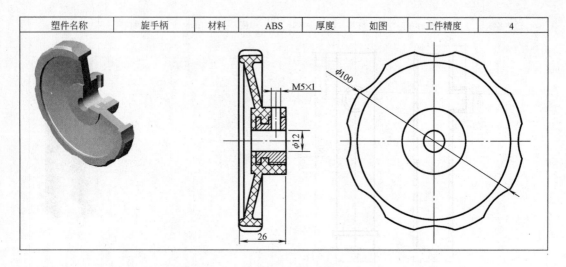

图 3-34

塑件名称	轴承保持架	材料	POM	厚度	如图	工件精度	4

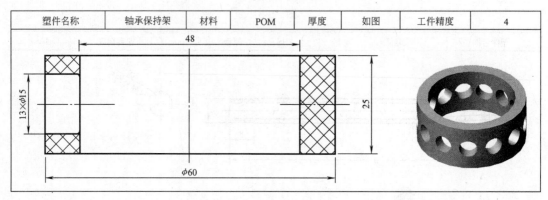

图 3-35

塑件名称	框架	材料	ABS	厚度	1mm	工件精度	4

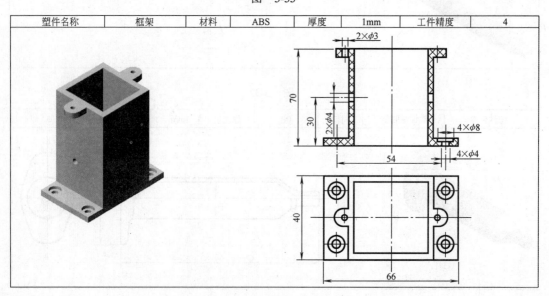

图 3-36

塑件名称	四方通盒	材料	ABS	厚度	1mm	工件精度	4

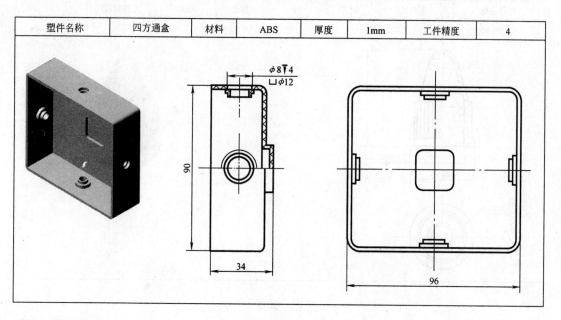

图　3-37

塑件名称	奶瓶盖	材料	PP	厚度	1mm	工件精度	5

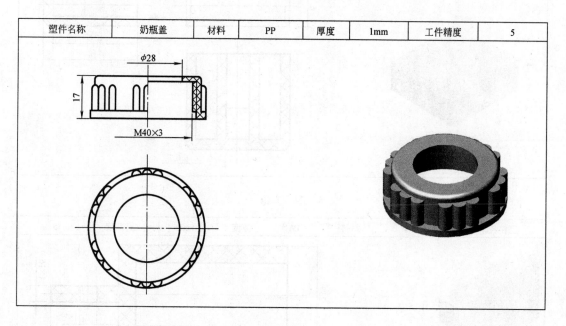

图　3-38

塑件名称	滴液瓶	材料	PP	厚度	1mm	工件精度	5

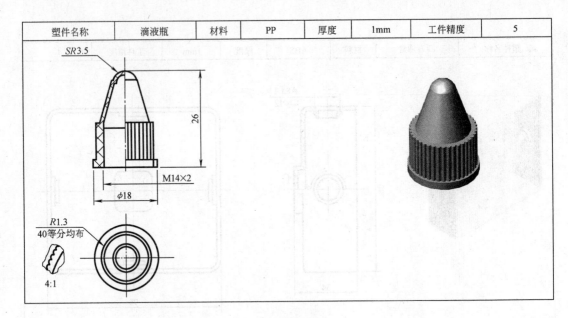

图　3-39

塑件名称	按键	材料	ABS	厚度	1mm	工件精度	5

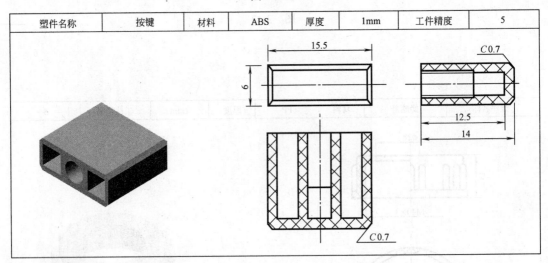

图　3-40

塑件名称	插针罩	材料	PA	厚度	1.5mm	工件精度	5

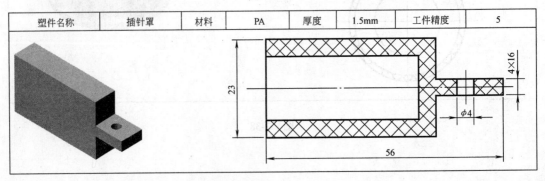

图　3-41

77

塑件名称	带轮	材料	ABS	厚度	如图	工件精度	4

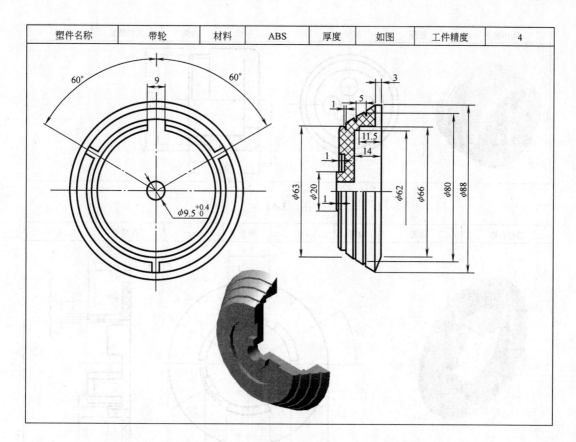

图　3-42

塑件名称	带螺纹壳体	材料	PP	厚度	2mm	工件精度	5

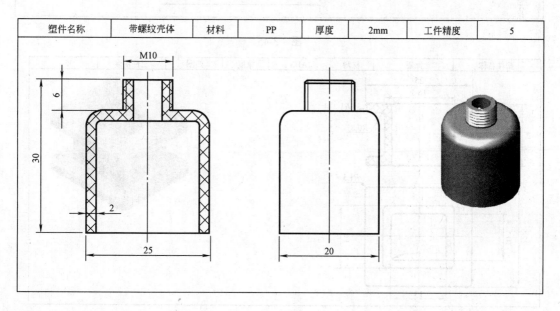

图　3-43

78

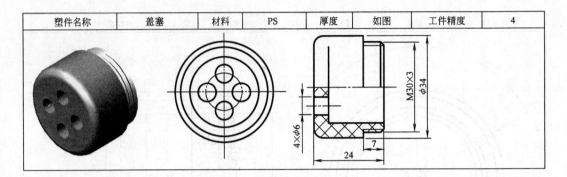

塑件名称	盖塞	材料	PS	厚度	如图	工件精度	4

图 3-44

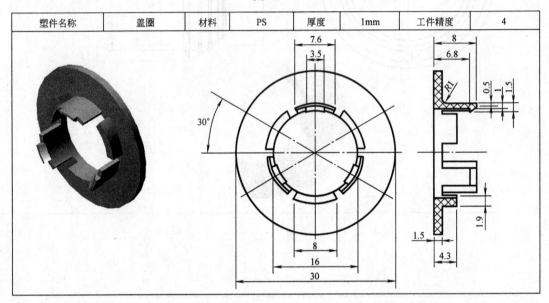

塑件名称	盖圈	材料	PS	厚度	1mm	工件精度	4

图 3-45

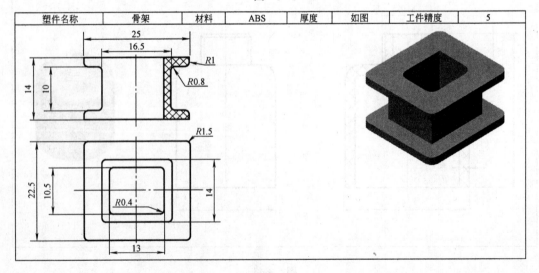

塑件名称	骨架	材料	ABS	厚度	如图	工件精度	5

图 3-46

塑件名称	罐盖	材料	PE	厚度	1mm	工件精度	5

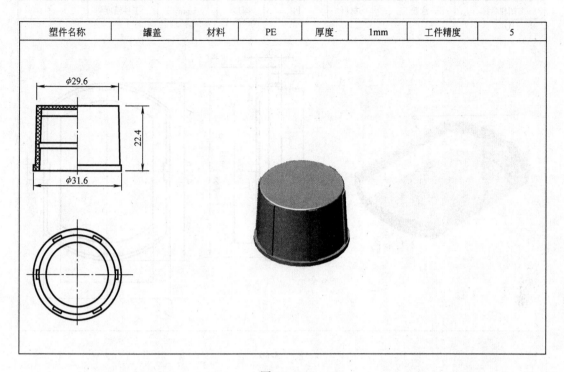

图 3-47

塑件名称	固定圈	材料	ABS	厚度	如图	工件精度	4

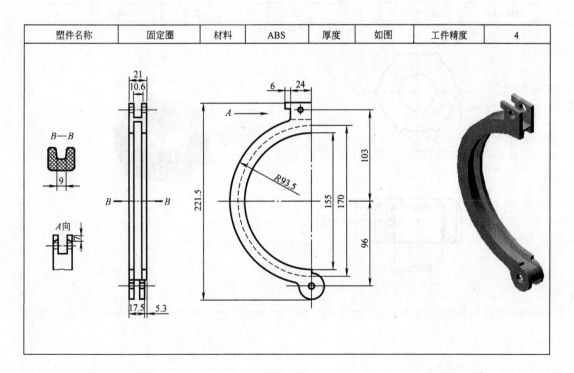

图 3-48

塑件名称	盒盖	材料	PE	厚度	1mm	工件精度	5

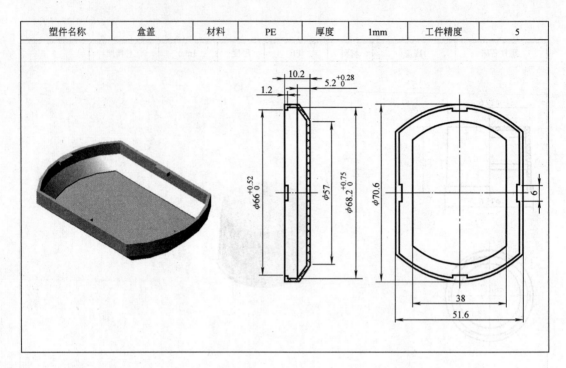

图　3-49

塑件名称	接合螺母	材料	PC	厚度	如图	工件精度	4

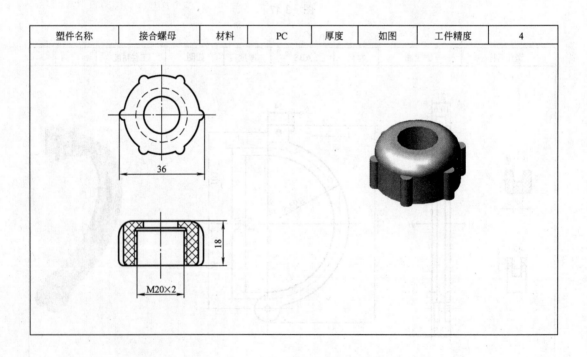

图　3-50

塑件名称	活动圈	材料	POM	厚度	如图	工件精度	4

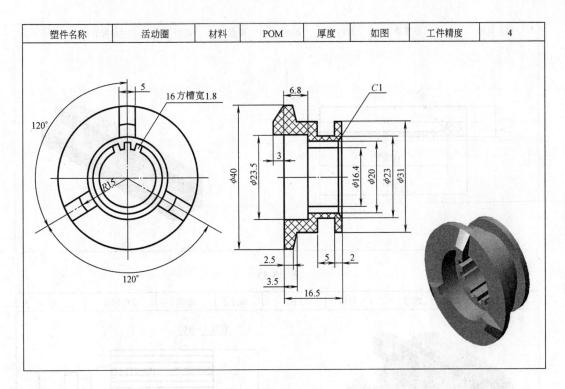

图 3-51

塑件名称	镜头盖	材料	ABS	厚度	如图	工件精度	3

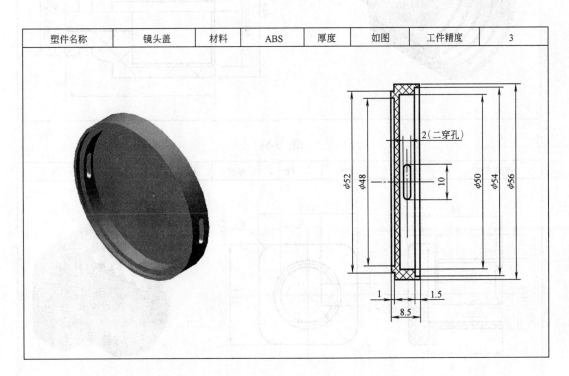

图 3-52

塑件名称	绝缘套	材料	ABS	厚度	如图	工件精度	5

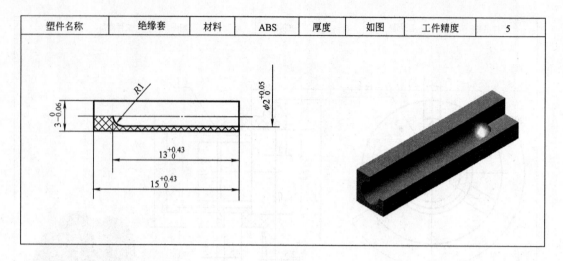

图 3-53

塑件名称	螺母	材料	ABS	厚度	如图	工件精度	4

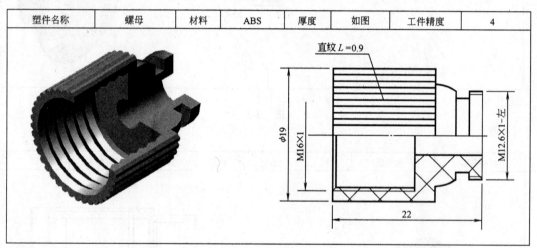

图 3-54

塑件名称	闷头	材料	PP	厚度	如图	工件精度	4

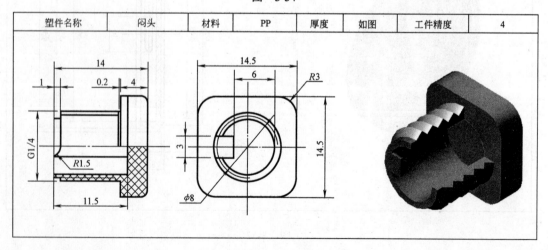

图 3-55

塑件名称	三通接头	材料	PP	厚度	如图	工件精度	5

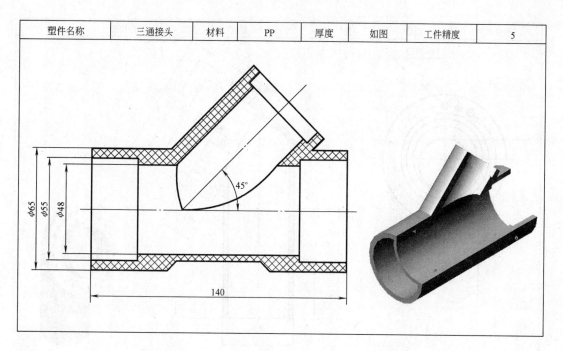

图　3-56

塑件名称	瓶盖	材料	PE	厚度	如图	工件精度	5

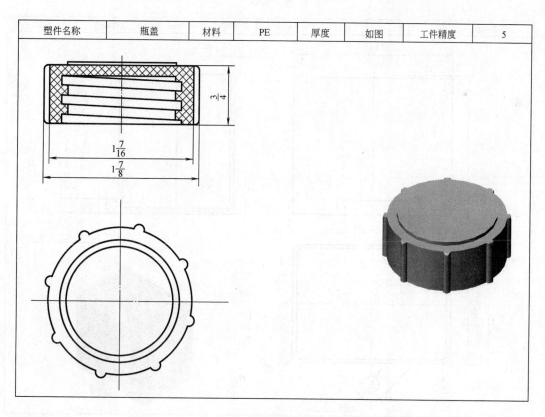

图　3-57

塑件名称	刷座	材料	PE	厚度	如图	工件精度	4

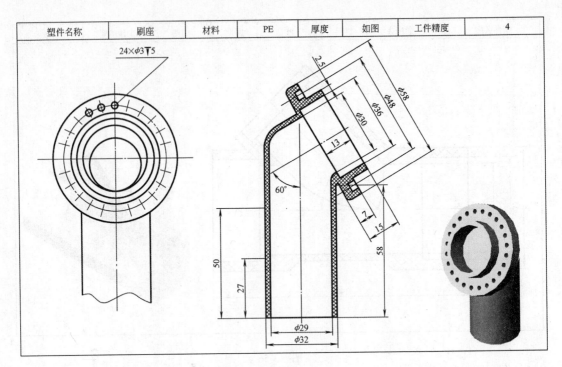

图 3-58

塑件名称	外壳	材料	ABS	厚度	1mm	工件精度	如图

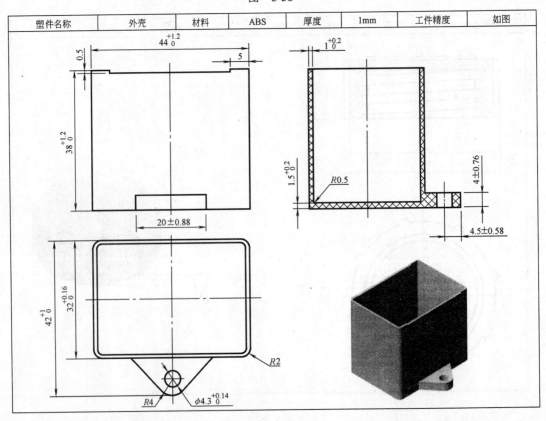

图 3-59

塑件名称		位限盘	材料	ABS	厚度	如图	工件精度	3

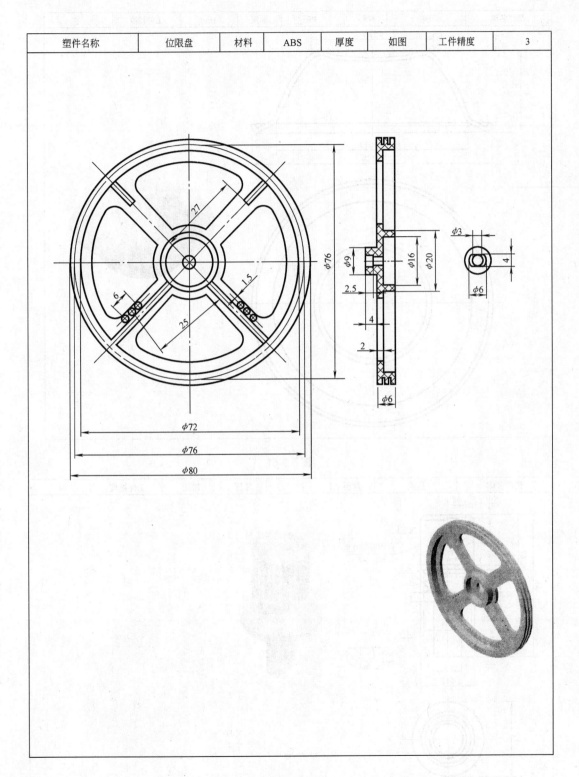

图　3-60

塑件名称	碗	材料	PP	厚度	1mm	工件精度	5

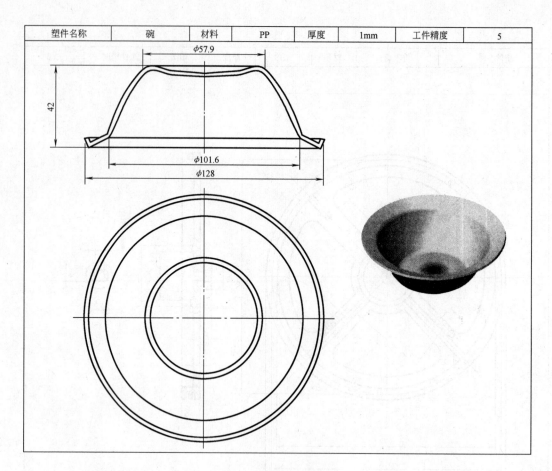

图 3-61

塑件名称	瓶盖	材料	PE	厚度	如图	工件精度	4

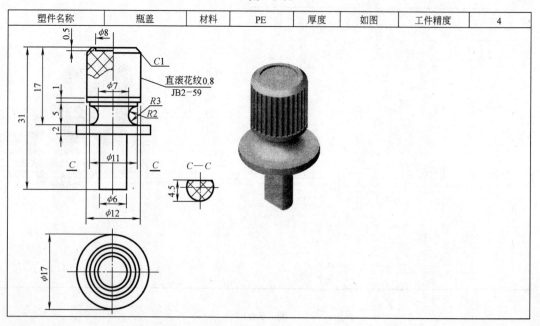

图 3-62

塑件名称	罩盒	材料	ABS	厚度	1mm	工件精度	5

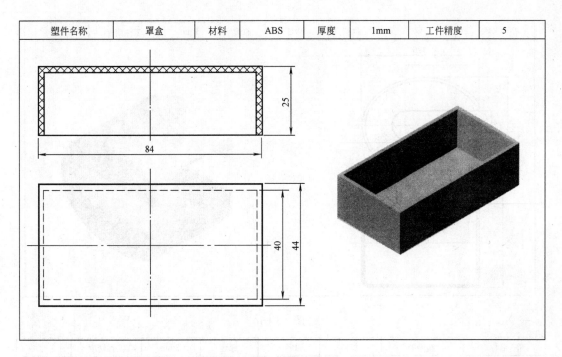

图 3-63

塑件名称	试管	材料	PE	厚度	如图	工件精度	5

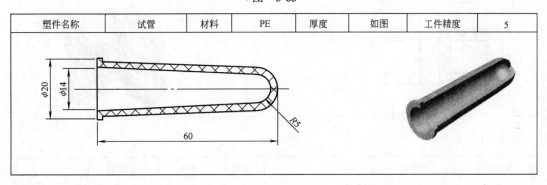

图 3-64

塑件名称	齿轮	材料	POM	厚度	如图	工件精度	4

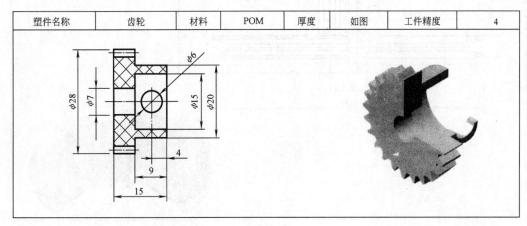

图 3-65

塑件名称	罩	材料	PVC	厚度	1mm	工件精度	5

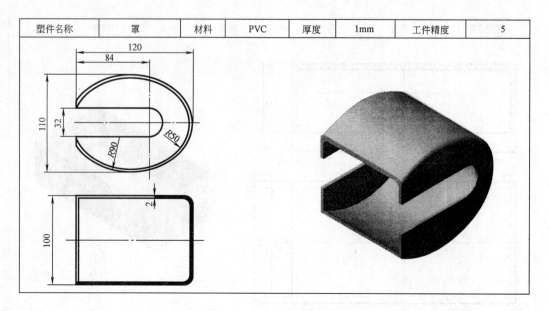

图 3-66

塑件名称	线圈架	材料	PE	厚度	3mm	工件精度	5

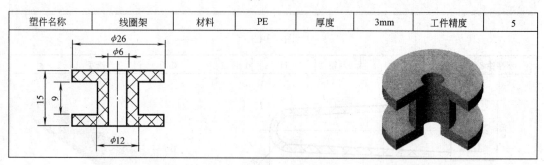

图 3-67

塑件名称	线圈轮	材料	PE	厚度	如图	工件精度	4

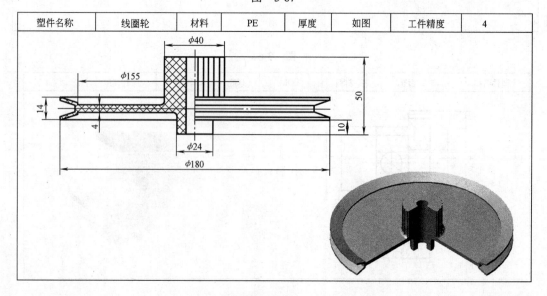

图 3-68

第4章　模具 CAD 技术应用

4.1　模具 CAD 技术使用的优势

采用模具 CAD 技术，可以通过计算机检索继承前人的经验积累；计算机和模具设计者交互作用，有利于发挥人机各自的特点，使模具设计和制造工艺更为合理；系统所采用的优化设计方法也有助于成形工艺参数和模具结构的优化。模具 CAD 技术可以促进产品系列化发展，大大减少设计中的错误，提高模具设计水平。

模具 CAD 的各类数据库可以为模具设计和工艺的制定提供科学依据，所需数据由系统直接传送，速度快、错误少。采用模具 CAD 技术生产的模具，精度高、尺寸协调一致性好，可提高模具设计质量。

模具数据的分析计算、图形绘制和曲面造型、工艺编制、数控加工等均可用计算机来完成，采用 CAD 系统进行模具设计比传统方法提高效率 2 ~ 5 倍，可提高模具生产效率、缩短制造周期。

模具 CAD 技术要求模具设计过程的标准化，要求模具结构的标准化，要求模具生产制造过程与工艺条件的标准化。从而提高模具设计质量、缩短生产周期、降低模具成本。

开展模具 CAD 技术，可以利用计算机代替模具设计者的重复、繁琐劳动，使模具设计者从计算、绘图和编程工作中解放出来，从事更有创造性的劳动。

4.2　机械工程 CAD 制图规则

《机械工程 CAD 制图规则》（GB/T 14665—1998）对图线、图线颜色、字体、图样中各种线型在计算机中的分层等都有明确的规定。这里以使用 AutoCAD 绘制为例，说明遵照国家标准，设置绘图环境的过程。

4.2.1　图幅尺寸的国家标准

国家标准对图幅尺寸的规定，如图 4-1 所示（尺寸见表 4-1）。

表 4-1　图纸幅面的标准规定（GB/T 14689—1993）

	尺寸 $L \times B$	边框（不留装订边）	边框（留有装订边）	
		e	a	c
A4	297 × 210	10	25	5
A3	420 × 297	10	25	5
A2	594 × 420	10	25	5

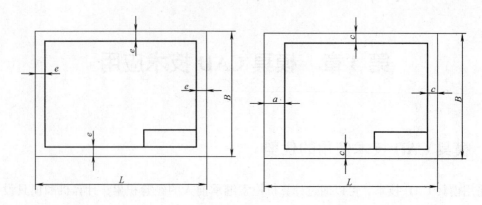

图 4-1 图幅尺寸示意

在 AutoCAD 中设置图幅尺寸，执行 limits 命令，以 A3 图纸为例：

命令：limits

重新设置模型空间界限：

指定左下角点或［开（ON）/关（OFF）］＜0.0000，0.0000＞：←按 Enter 键

指定右上角点＜420.0000，297.0000＞：420，297←输入右上角坐标，按 Enter 键

4.2.2 设置图层、颜色、线型、线宽

《机械工程 CAD 制图规则》（GB/T 14665—1998）对图线、图线颜色、字体、图样中各种线型在计算机中的分层等都有明确的规定，表 4-2 归纳了国家标准主要应用于 AutoCAD 绘图的常用项目（详细的规定可参考相关的国家标准）。

表 4-2 AutoCAD 绘图的常用项目

图层标识	屏幕上颜色（颜色号）	图线类型	线宽	应用说明
01	绿色（3）	Continuous	0.70mm	粗实线
02	白色（7）	Continuous	0.20mm	细实线、文字、尺寸标注
04	黄色（2）	ACAD _ ISO02W100	0.20mm	虚线
05	红色（1）	ACAD _ ISO04W100	0.20mm	点画线
07	粉红（6）	PHANTOM	0.20mm	双点画线

1. 图层的概念

AutoCAD 将图样上绘制的点、线、面、文字、尺寸等均视为对象（object）。不同的对象就有不同的属性，为了简化对对象属性的管理，AutoCAD 引入了图层的概念。

可以按照图 4-2 所示，对每一个图层分别设置该层的颜色、线型、线宽等属性，所有在该图层上创建的对象，都将遵循该层的属性。

单击 ▧ 按钮，弹出如图 4-2 所示的【图层特性管理器】对话框，在该对话框中可以创建、删除、修改图层。

2. 设置图层

下面以 05 层（点画线层）的设置为例，说明图层的设置方法。

1）单击 ▧ 按钮弹出如图 4-2 所示的【图层特性管理器】对话框。

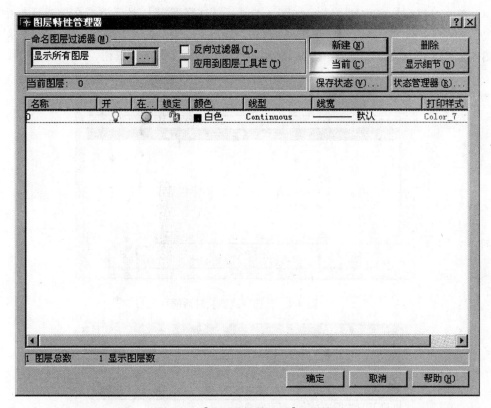

图 4-2 【图层特性管理器】对话框

2）在【图层特性管理器】对话框中单击【新建】按钮，在【名称】列输入图层的名称 05。

3）单击 05 层的颜色列，弹出如图 4-3 所示【选择颜色】对话框，在该对话框中指定图层的颜色为红色，单击【确定】按钮，结束颜色设置。

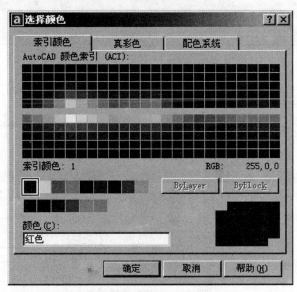

图 4-3 【选择颜色】对话框

4）单击【线型】名称列，弹出如图 4-4 所示【选择线型】对话框，在该对话框中暂时没有 ACAD_ISO04W100 线型，单击【加载】按钮，在弹出的【加载或重载线型】对话框（如图 4-5 所示）中加载 ACAD_ISO04W100 线型，单击【确定】按钮，结束线型加载。

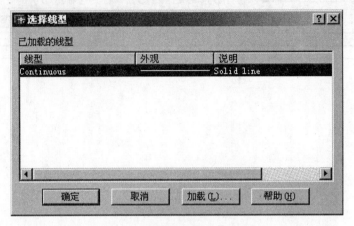

图 4-4　【选择线型】对话框

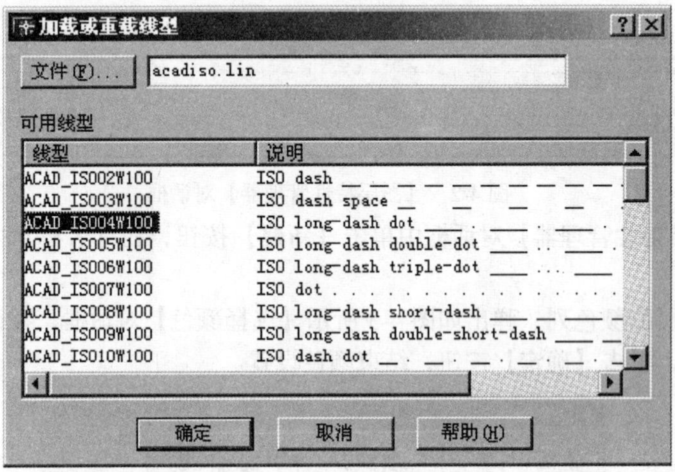

图 4-5　加载线型

5）单击 05 层的【线宽】列，弹出【线宽】对话框选择 0.20mm，单击【确定】按钮，结束线宽设置。

经过上述操作，完成 05 层的设置，其他图层的设置方法与其类似。最后设置的结果如图 4-6 所示。

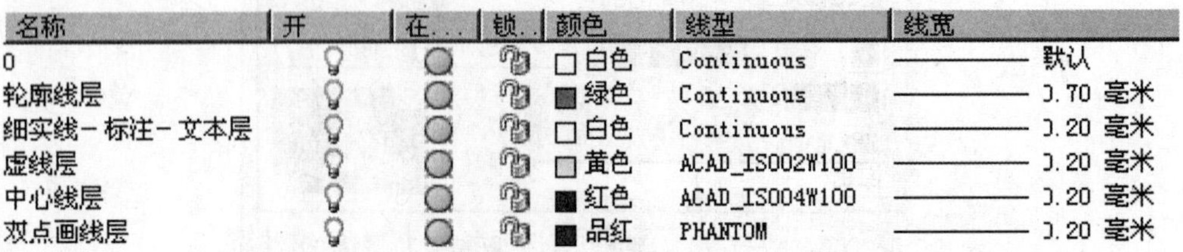

名称	开	在...	锁.	颜色	线型	线宽
0	♀	◯	🔓	□ 白色	Continuous	—— 默认
轮廓线层	♀	◯	🔓	■ 绿色	Continuous	—— 0.70 毫米
细实线－标注－文本层	♀	◯	🔓	□ 白色	Continuous	—— 0.20 毫米
虚线层	♀	◯	🔓	□ 黄色	ACAD_ISO02W100	—— 0.20 毫米
中心线层	♀	◯	🔓	■ 红色	ACAD_ISO04W100	—— 0.20 毫米
双点画线层	♀	◯	🔓	■ 品红	PHANTOM	—— 0.20 毫米

图 4-6　图层的设置结果

4.2.3　绘制图纸边界线、图框线、标题栏

在展开的图纸上，画出 A4 图纸（横装）的边界线及图框线。

1. 绘制图纸的边界线

命令：_ rectang（单击 ▭ 按钮）

指定第一个角点或 ［倒角（C）/标高（E）/圆角（F）/厚度（T）/宽度（W）］：0，0
指定另一个角点或 ［尺寸（D）］：297，210

2. 绘制图纸的图框线

命令：_ rectang（单击 ▭ 按钮）

指定第一个角点或 ［倒角（C）/标高（E）/圆角（F）/厚度（T）/宽度（W）］：25，5
指定另一个角点或 ［尺寸（D）］：292，205

3. 绘制标题栏

国家标准（GB/T 14665—1998）对标题栏的规格和尺寸都有明确规定，简易的标题栏，如图 4-7 所示。

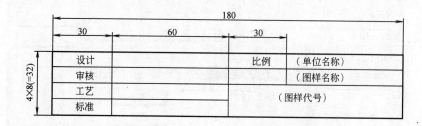

图 4-7　简易的标题栏

4.2.4　填写标题栏的文字

1. 解决 AutoCAD 的文字问题

国家标准规定：图纸中的中文字体应为长仿宋体，汉字、字母和数字的高度不低于 3.5mm。

机械图中的"ϕ"、"±"等符号，在 AutoCAD 中的输入方法是输入字符串％％C、％％P。如果字体为仿宋体，当输入"％％C"后，AutoCAD 显示成"?"，因为仿宋体中没有"ϕ"这个字符，解决这个问题的办法是设置字体样式，使字母和数字采用 txt.shx 字体，另外，再设置一个字体样式，用来显示汉字。

1）使用【格式】→【文字样式】菜单命令，弹出如图 4-8 所示的【文字样式】对话框。

2）保留原有的"txt.shx"字体名，在高度输入框中输入 3.5；在宽度比例中输入 0.7，单击【应用】按钮。

3）单击【新建】按钮，在弹出的【新建文字样式】对话框的【样式名】文本框中输入"汉字"，如图 4-9 所示，单击【确定】。在【字体名】下拉列表框中选择"仿宋_ GB2312"，如图 4-10 所示，单击【应用】按钮。这样就完成了汉字字体设置。

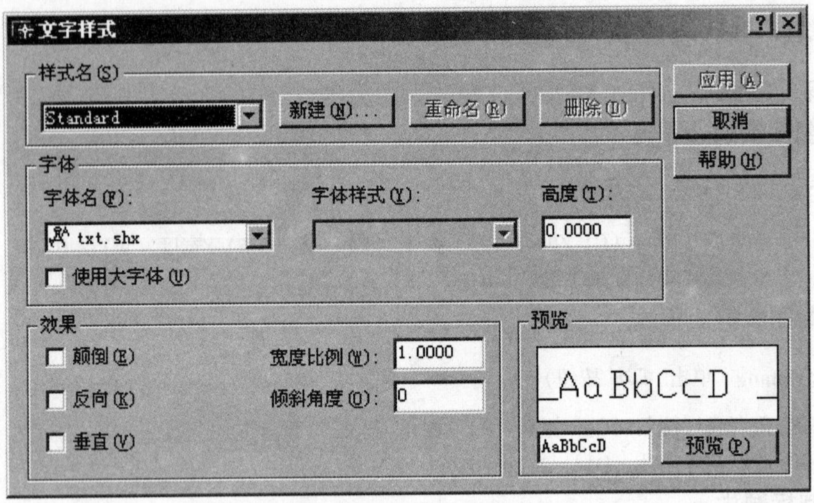

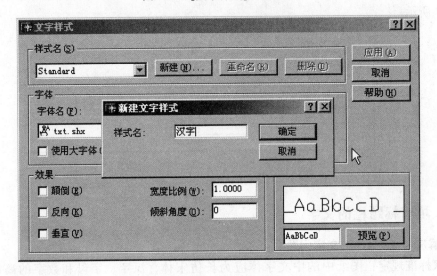

图 4-8　【文字样式】对话框

图 4-9　设置文字样式

2. 填写标题栏的文字

在 AutoCAD 中执行【绘图】→【文字】→【单行文字】命令，将标题栏中所有的字写出，用夹点编辑方法，单击绘图区刚输入的文字，按住蓝色夹点，将文字拖到标题栏合适的位置。

4.2.5　保存图形文件

命令：save（单击 🖫 按钮）

弹出如图 4-11 所示【图形另存为】对话框，在对话框中为图形文件取名字，并选择合适的文件存储位置，单击【保存】按钮。这时 AutoCAD 的标题栏显示出图形文件的名字。

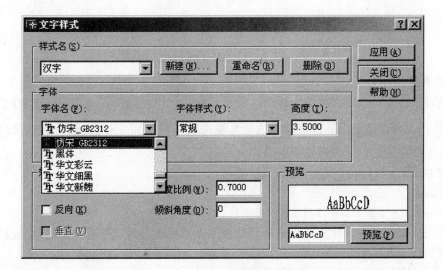

图 4-10　选择字体

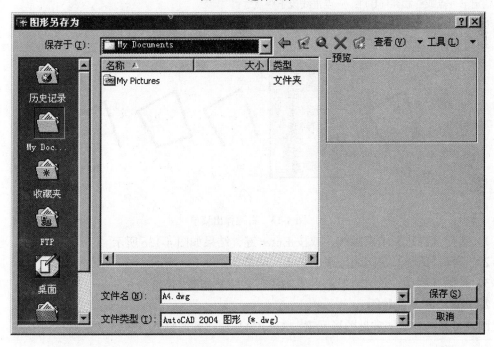

图 4-11　【图形另存为】对话框

4.3　AutoCAD 绘图软件介绍

4.3.1　AutoCAD 常用绘制命令

　　AutoCAD 常用绘制命令如图 4-12 所示。

　　模具设计图中大量的图形元素是由直线、圆和矩形构成的，这里主要介绍 AutoCAD 中直线、圆和矩形的绘制方法，其他绘图命令请参照 AutoCAD 书籍。

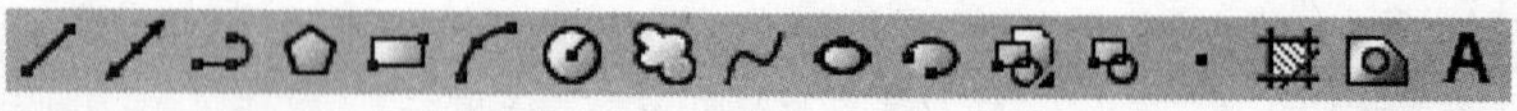

图 4-12 绘图工具条

1. 绘制直线

一条直线由起点和终点两个点组成。绘制直线，可以在绘图工具条中单击直线所对应的按钮 ，也可以在绘图下拉菜单中选择直线选项：【绘图】→【直线】；也可以在命令提示行键入 LINE（或 L），并按 Enter 键。

执行 line（绘线）命令后，AutoCAD 提示：

命令：line

指定第一点：←单击如图 4-13 所示线段起点 1

当直线指定起点后，橡皮筋将从起点处伸到光标位置，并且随着光标的移动改变直线的尺寸和位置。

指定下一点或［放弃（U）］：←点击线段下一点 2

指定下一点或［放弃（U）］：←点击线段下一点 3

指定下一点或［闭合（C）/放弃（U）］：←单击鼠标右键，会出现弹出菜单

如图 4-13b 所示。

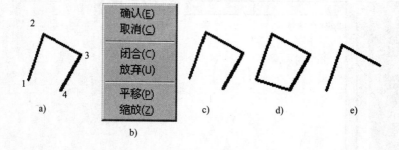

图 4-13 右键弹出菜单

1）选择【确认】结束画线，或按 Enter 键，结果如图 4-13c 所示。

2）选择【闭合】封闭线段或输入 C，结果如图 4-13d 所示。

3）选择【放弃】退回至上一点或输入 U，结果如图 4-13e 所示。

2. 由圆心和半径绘圆

圆是另外一种绘图常见图形元素，AutoCAD 创建圆的默认方式是指定圆心和半径。

单击  按钮，执行 circle（绘线）命令，AutoCAD 提示：

指定圆的圆心或［三点（3P）/两点（2P）/相切、相切、半径（T）］：可以输入圆心的坐标或通过鼠标选取圆心点。

AutoCAD 提示：

指定圆的半径或［直径（D）］＜10.0000＞：

这时，橡皮筋从选定的圆心点拉伸到十字光标指定的半径点，其圆的大小可以随意改变，在键盘上直接输入一个数值、按 Enter 键，一个圆将以此为半径画出。

命令：_circle

指定圆的圆心或［三点（3P）/两点（2P）/相切、相切、半径（T）］：←选择取圆心点 1

指定圆的半径或［直径（D）］：10←输入半径值10

结果如图 4-14 所示。

3．绘制矩形

AutoCAD 由 rectangle（绘矩形）命令创建的矩形，是由封闭的多段线作为矩形的四条边，通过指定矩形的对角点绘制矩形的，所绘制的矩形平行于当前的用户坐标系。

单击 ▭ 按钮，即执行 rectangle 命令，AutoCAD 提示：

指定第一个角点或［倒角（C）/标高（E）/圆角（F）/厚度（T）/宽度（W）］：可以输入第一角点的坐标或通过鼠标选取第一角点。

AutoCAD 提示：

指定另一个角点或［尺寸（D）］：

这时，橡皮筋矩形将从第一角点延伸到光标位置，移动光标矩形的大小也随之改变，键盘输入第二角点坐标，或通过鼠标拾取第二角点。

命令：_ rectang
指定第一个角点或［倒角（C）/标高（E）/圆角（F）/厚度（T）/宽度（W）］：←选取第一角点1
指定另一个角点或［尺寸（D）］：@30，15←选取第二角点2（或输入@X，Y）

结果如图 4-15 所示。

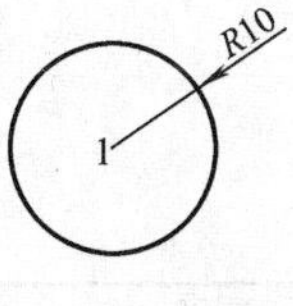

图 4-14　由圆心和半径绘圆

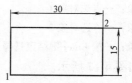

图 4-15　绘制矩形

4.3.2　AutoCAD 基本编辑命令

AutoCAD 基本编辑命令工具条如图 4-16 所示。

图 4-16　编辑工具条

AutoCAD 主要编辑方法见表 4-3。

表 4-3　AutoCAD 基本编辑命令

工具栏按钮	菜单	命令	工具栏按钮	菜单	命令
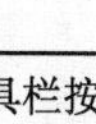	删除	ERASE	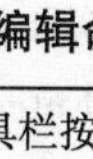	比例	SCALE
	复制	COPY		修剪	TRIM
	镜像	MIRROR		延长	EXTEND
	偏移	OFFSET		打断	BREAK

（续）

工具栏按钮	菜单	命令	工具栏按钮	菜单	命令
器	阵列	ARRAY	⌐	倒角	CHAMFER
✛	移动	MOVE	⌐	圆角	FILLET
↻	旋转	ROTATE	✎	分解	EXPLODE

这里仅介绍删除、偏移、修剪、倒角、圆角等常用编辑命令，其他编辑命令请参照 AutoCAD 书籍。

1．删除对象

（1）删除对象最快捷的方法　在 AutoCAD 命令状态下，直接单击欲删除的对象，该对象显示夹点，按下键盘上的 Delete 键。

（2）执行 Erase 命令　单击按钮 ✎，执行 Erase 命令，AutoCAD 提示：

命令：_erase
选择对象：←点选对象 1
选择对象：←点选对象 2
选择对象：←按 Enter 键结束选择，并完成删除命令

结果如图 4-17 所示。

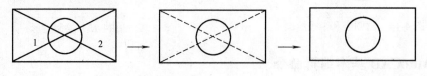

图 4-17　删除命令

2．偏移命令

单击按钮 ⌐，执行 Offset 命令。

命令：_offset
指定偏移距离或［通过（T）］＜通过＞：5←输入偏移距离（例如 5）
选择要偏移的对象或＜退出＞：←选择要偏移的对象
选择要偏移的对象或＜退出＞：←按 Enter 键结束偏移复制命令

3．修剪命令

单击按钮 ⊬，执行 Trim 命令，Trim 命令用于在一个或多个对象的边上精确地修剪对象，以便对象在所定义的边界处结束。

命令：_trim
当前设置：投影＝UCS，边＝无
选择剪切边 ...
选择对象：←选择作为修剪的边界（圆弧）
选择对象：←按 Enter 键结束选择

结果如图 4-18 所示。

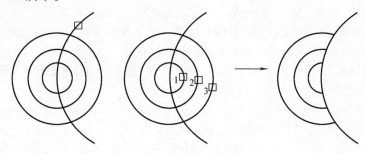

图 4-18　修剪命令

4．倒角命令

单击按钮 ，执行 Chamfer 命令，Chamfer 命令用于为角点创建倒角边。

（1）设置新的倒角距离

命令：_ chamfer

（"修剪"模式）当前倒角距离 1 = 0.0000，距离 2 = 0.0000←当前的设置状态

选择第一条直线或［多段线（P）/距离（D）/角度（A）/修剪（T）/方式（M）/多个（U）］: d←输入选项 D

指定第一个倒角距离 < 0.0000 > : 5←输入第一个倒角距离

指定第二个倒角距离 < 5.0000 > : 10←输入第二个倒角距离

结果如图 4-19 所示，在设置完第一个、第二个倒角距离后，在执行倒角命令时，选择对象必须注意先后顺序。

（2）执行倒角命令

命令：_ chamfer

（"修剪"模式）当前倒角距离 1 = 5.0000，距离 2 = 10.0000←当前的设置状态

选择第一条直线或［多段线（P）/距离（D）/角度（A）/修剪（T）/方式（M）/多个（U）］: ←选择第一条倒角边 1

选择第二条直线：←选择第一条倒角边 2

结果如图 4-20 所示。

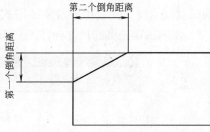

图 4-19　设置倒角距离

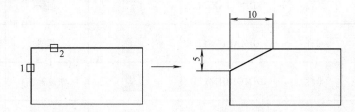

图 4-20　执行倒角命令

5．圆角命令

单击按钮 ，执行 Fillet 命令，Fillet 命令用于

（1）设置新的圆角半径

命令：_ fillet

当前设置：模式 = 修剪，半径 = 0.0000←当前的设置状态

选择第一个对象或［多段线（P）/半径（R）/修剪（T）/多个（U）］：r←输入选项 R

指定圆角半径 < 0.0000 >：5←输入新的半径值（例如 5）

选择第一个对象或［多段线（P）/半径（R）/修剪（T）/多个（U）］：←选择需要圆角的对象

（2）执行圆角命令

命令：FILLET

当前设置：模式 = 修剪，半径 = 5.0000←当前的设置状态

选择第一个对象或［多段线（P）/半径（R）/修剪（T）/多个（U）］：←选择第一个对象 1

选择第二个对象：←选择第二个对象 2

结果如图 4-21 所示。

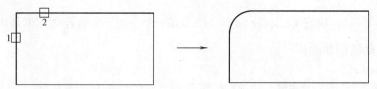

图 4-21　圆角命令

4.3.3　AutoCAD 尺寸标注

AutoCAD 提供了一种半自动的尺寸标注方法。在标注过程中，它自动测量被标注对象的长度或角度，并以用户希望的格式生成尺寸标注文本。

AutoCAD 提供的尺寸标注工具条如图 4-22 所示。

图 4-22　尺寸标注工具条

AutoCAD 的尺寸标注类型见表 4-4，标注命令的实用方法参看 AutoCAD 书籍。

表 4-4　AutoCAD 的标注类型

工具栏按钮	菜单	命令	工具栏按钮	菜单	命令
	线性	DIMLINEAR		连续	DIMCONTIUNE
	对齐	DIMALIGNED		基线	DIMBASELNE
	坐标	DIMORDINATE		快速标注	QDIM
	半径	DIMRADIUS		引线	QLEADER
	直径	DIMDIAMETER		公差	TOLERANCE
	角度	DIMANGULAR		圆心标记	DIMCENTER

4.4 Pro/E 软件介绍

用 Pro/E 设计模具之前，必须先设计零件，产生一个零件原型，这个零件原型将是模具设计和加工的原型。

4.4.1 Pro/E 零件设计流程

Pro/E 零件设计基本流程如图 4-23 所示。

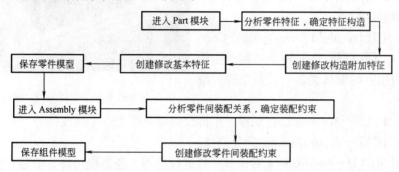

图 4-23　Pro/E 零件设计基本流程

4.4.2 Pro/E 模具设计流程

用 Pro/E 进行模具设计，主要包括三个方面的内容，即零件分析（包括厚度检验、拔模检验、塑料顾问）、模具成形零件（Mold Component）设计、模具模架（Mold Base）及其他零件的设计，图 4-24 所示是 Pro/E 注塑模设计的基本流程。

4.4.3 Pro/E 模具设计实例

以如图 4-25 所示的电器壳盖（shell）的模具设计作实例，介绍使用 Pro/E 进行模具设计的基本流程，主要包括：

1）启动 Pro/E。

2）使用主菜单命令 File→Set Working Directory，设置工作路径。

3）使用主菜单命令 File→New 命令，开始新建一个模具模型，使用菜单管理器命令 Shrinkage 命令设

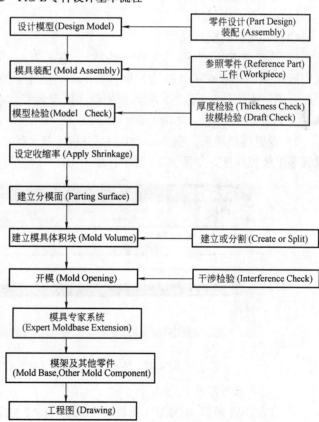

图 4-24　Pro/E 注塑模设计的基本流程

定收缩率。

4）利用 MOLD→Feature 设计浇注系统。包括流道（Sprue）、分流道（Runner）和浇口（Gate）等。

5）利用 MOLD→Parting Surf 设计分型面。

6）利用 MOLD→Volume（模型体积）将坯料整体拆分为数个体积块。包括型芯体积、型腔体积、滑块体积等。

7）利用 MOLD→Mold Comp（Mold Component 的缩写，即模型组件）将上一步产生的体积块转化为相应的模具型芯、模具型腔、滑块等。

图 4-25　电器壳盖（shell）

8）利用 MOLD→Molding 进行试模，用拆分的模具产生一个浇注件。

9）利用 MOLD→Mold Opening 拆分模具。

10）利用 MOLD→Mold Check 对模具零件进行检测，包括浇注件、型芯、型腔等。

1. 建立模具模型（Mold Model）

（1）设置工作目录。

（2）创建新的模具模型

1）选菜单 File→New（文件→新增），进入 New（新增）对话框，在 Type（类型）列表中选择 Manufacturing（制造）项，在 Sub-type（子类型）列表中选择 Mold Cavity（模具型腔）项。在 Name（名字）输入框中输入模型名字 shell_mold，取消选择 Use default template（使用缺省模板），单击 OK（确定）。

2）设置模型模板。在 New File Options（新文件选项）对话框中选择 mmns-mfg-mold，设置毫米模型模板，如图 4-26 所示，单击 OK（确定）。

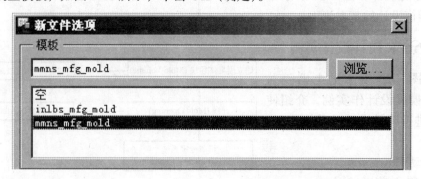

图 4-26　New File Options（新文件选项）对话框

（3）加入参考零件

1）在菜单管理器 MOLD（模具）中选择 Mold Model（模具模型），在 MOLD MODEL（模具模型）菜单中选择 Assemble（装配），MOLD MDL TYP（模具模型类型）菜单中选择 Ref Model（参考模型），如图 4-27 所示。

图 4-27　加入参考零件所涉及的菜单

2）在弹出的 Open（打开）对话框中选择零件 shell.prt，单击 OK（打开），弹出 Component Placement（元件放置）对话框。

3）在 Component Placement（元件放置）对话框 Constraints（约束）列表框中，设置 Type 列的下拉框中为 default（缺省），单击 OK（确定）。

4）命名参考模型。

5）加入的零件如图 4-28 所示。

6）隐藏参考模型的基准面和坐系。

7）在 Layers（层）对话框中选择 Save Status（保持状态），选择 Close 关闭对话框。

（4）加入 Workpiece（工件）

1）在 MOLD（模具）菜单管理器中选择菜单 Mold Model → Creat → Workpiece → Manual（模具模型→创建→工件→手动），如图 4-29 所示。

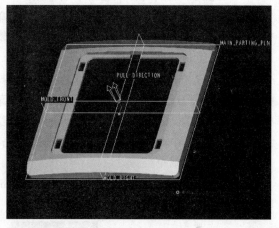

图 4-28　加入的参考零件

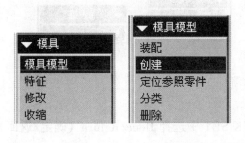

图 4-29　创建工件菜单管理器

2）在弹出的 Component Create（元件创建）对话框中，Type（类型）列中选择 Part 项，Sub-type（子项）列中选择 Solid 项，在 Name（名字）输入框中输入工件名字，单击 OK（确定）。

3）在弹出的 Creation Options（创建选项）对话框中选择（创建第一个特征）项，单击 OK（确定）

4）进入创建特征菜单，在弹出的 FEAT OPER（特征操作）菜单中选择 Solid 实体项，依次选择 Protrusion→Extrude/Solid/Done→Both Side/Done（加材料→拉伸/实体/完成→双面/完成）。

5）定义草绘平面。

6）确定材料的生长方向，在 DIRECTION（方向）菜单中选择 Okay，接受缺省方向，如图 4-30 所示。

7）确定草绘参考面。

8）定义草绘尺寸参考。

9）草绘截面。

10）完成草绘截面后，退出草绘平面。

11）定义伸出深度。在 SPEC FROM 菜单中选择 Blind，单击 Done，在 Depth（深度）输入框中输入生长深度 120。

12）完成坯料创建。在模型对话框中选择

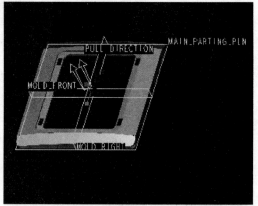

图 4-30　确定材料的生长方向

OK。在 FEAT OPER 菜单和 MOLD MODEL 菜单中两次选择 Done/Return（完成/返回），可以见到图形窗口产生的工件以绿色显示。

至此 Mold Model（模具模型）已经创建完毕。

（5）设置收缩率

1）按照图 4-31 所示，在主菜单中选择 Shrinkage→By Dimension→Set/Reset→All Dims（收缩→按尺寸→设置/复位→所有尺寸）。

图 4-31　设置收缩率的有关菜单

2）在收缩率输入框输入值 0.0500。

3）更新设计模型。在菜单管理器 SHRINK SET 中选择 Done/Return（确定/返回），在菜单管理器 SHRK BY DIM 中选择 Update。

4）在菜单管理器 SHRK BY DIMHRINKAGE 中分别选择 Done/Return（确定/返回），完成收缩率的设定。

2. 设计浇注系统：流道（Sprue）设计

1）在菜单管理器中，依次选择 Feature→Cavoty Assem→Solid→Cut（特征→型腔组件→实体→切减材料），如图 4-32 所示。

2）在 SOLID OPTS（实体选项）菜单中，选择 Revolve/Solid（旋转实体），单击 Done

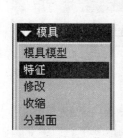

图 4-32 流道设计菜单管理器

（完成），在 ATTRIBUTES 菜单管理器中，选择 One Side（单侧），单击 Done。

3）进入 SETUP SK PLN 菜单，保持缺省选项 Setup New→Plane→Pick，在图形窗口中选择 MOLD_FRONT 作为草绘面，如图 4-33 所示。

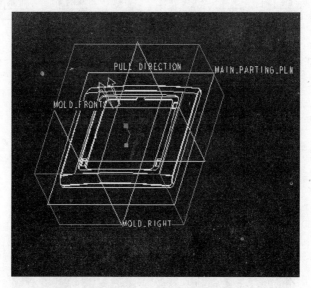

图 4-33 定义草绘面和草绘参考面

4）在 DIRECTION（方向）菜单管理器中选择 Okay，使用系统指示的生长方向。

5）在 SKET VIEW 菜单中选择 Top 菜单，在图形窗口中选择基准面 MAIN_PARTING _PLN 作为草绘参考面，进入草绘模式。

6）在图形窗口中选择 F1（MOLD_RIGHT）和（MAIN_PARTING_PLN）作为草绘尺寸参考。

7）草绘截面。

8）选择草绘结束按钮，退出草绘模式。

9）在 DIRECTION 菜单中选择 Okay，接受系统指定的材料切除方向。

10）在 REV TO 菜单中选择旋转角度值 360，选择 Done（完成）。

11）弹出如图 4-34 所示的 Intersected Comps（相交的组件）对话框，用以选择产生的流

道特征所属的部件，采用系统自定义的方式，在对话框中选择 AutoAdd（自动增加），选择
OK（确定），列表框中 Model Name 栏中显示 SHELL＿MOLD＿WRK，系统默认流道切削
特征产生在 Workpiece（坯料）上，如图 4-34 所示的对话框。

图 4-34　Intersected Comps（相交的组件）对话框

12）在模型对话框中选择 OK，完成的流道设计如图 4-35 所示。

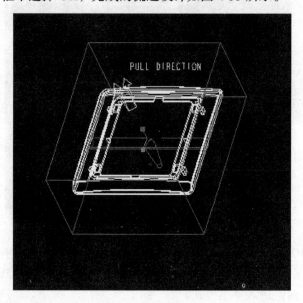

图 4-35　流道设计结果

3．设计分型面

（1）在菜单管理器中选择 Parting Surf→Create，产生一个分型面，如图 4-36 所示。

（2）弹出 Parting Surface Name（分型面名称）对话框，接受系统指定的分型面名字。

（3）以复制创建分型面。在 SURF DEFINE（曲面定义）菜单中选择"增加→复制"，
选择 Done（完成）。

（4）利用 Ctrl＋左键选择电器壳盖的外表面作为分型面，如图 4-37 所示。

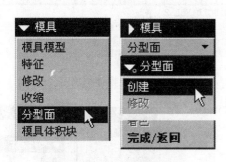

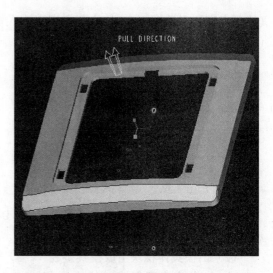

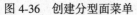

图 4-36　创建分型面菜单　　　　　图 4-37　选择电器壳盖的外表面作为分型面

有关分型面的设计及其合并的方法，请参看 Pro/E 模具设计相关书籍。分型面设计的结果如图 4-38 所示。

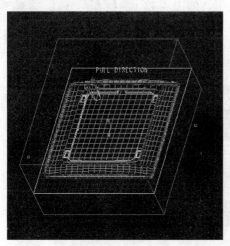
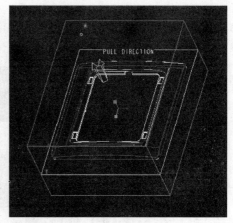

图 4-38　分型面设计结果

4．拆模

（1）产生模具体积块（Mold Volume）

1）开始产生模具体积块。在菜单管理器中依次选择菜单 Mold Volume→Split→Two Volumes/All Wrkpcs/Done→Pick（模具体积块→分割→两个体积块/所有工件/完成）。

2）选择分模面。在图形窗口中选择刚产生的分模面，在 GET SELECT 菜单中选择 Done Sel，在模型对话框中选择 OK，结束分模面的选取。

3）定义模型体积块的名字。系统以高亮显示分模面一侧下模体积块，并弹出如图 4-39 所示的 Volume Name（体积名字）对话框，在 Name（名字）输入框中输入体积名字 MOLD _ VOL _ 1，选择 OK（确定）。

系统以高亮显示分模面另外一侧上模体积块，并弹出如图 4-40 所示的 Volume Name

（体积名字）对话框，在 Name（名字）输入框中输入体积名字 MOLD_VOL_2，选择 OK（确定）。

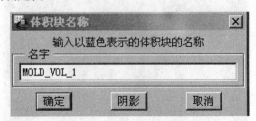 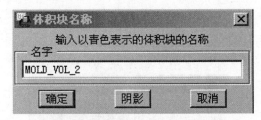

图 4-39　下模体积块定义　　　　　　　　图 4-40　上模体积块定义

最后在 MOLD VOLUME 菜单中选择 Done/Return（完成/返回）返回主菜单。

（2）由模具体积块生成模具型腔

1）在菜单管理器中，依次选择 Mold Comp→Extract（模具元件→抽取），如图 4-41 所示。

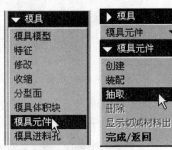

2）弹出 Create Mold Component（创建生模具元件）对话框，在对话框中选择全选按钮，选择 OK 按钮，如图 4-42 所示。

3）在 MOLD COMP 菜单中选择 Done/Return 按钮返回主菜单。

图 4-41　模具型腔

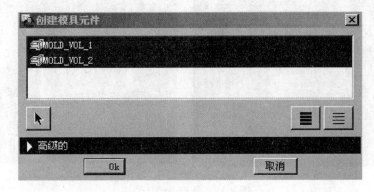

图 4-42　Create Mold Component（创建生模具元件）对话框

这样，模具的上下模腔已经产生，点击 File→Save，保存工作文件。

5. 试模

1）在菜单管理器中依次选择 Molding→Create，如图 4-43 所示。

2）弹出 Part Name（零件名字）输入框，输入成型件名称 shell_molding，如图 4-44 所示，回车。

3）再次查看模型树，可以见到注塑成形的零件，如图 4-45 所示。

6. 开模

1）在菜单管理器中选择菜单 Mold Opening 项，进入开模菜单，如图 4-46 所示，依次选择菜单 Define Setup→Define Move→Pick（定义间距→定义移动→选取）。

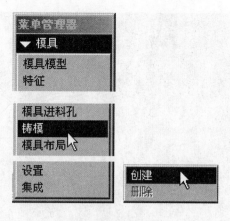

图 4-43　创建试模

输入零件 名称 [PRT0003]: shell_molding ✓ ✗

图 4-44　命名成形件

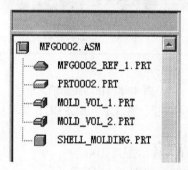

图 4-45　增加了试模成形件的模型树

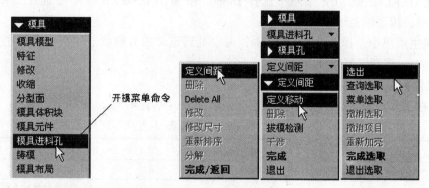

图 4-46　开模菜单

2）在图形窗口中选择上模为移动模，在 GET SELECT 菜单中选择 Done Sel；在图形窗口中选择模型上表面作为移动方向垂直面，如图 4-47 所示，系统将自动指示移动方向。

3）在移动距离输入框输入移动距离 100，如图 4-48 所示。

4）选择 Done 完成上模移动。

5）重复上面操作，选择菜单 Define Setup→Define Move→Pick（定义间距→定义移动→

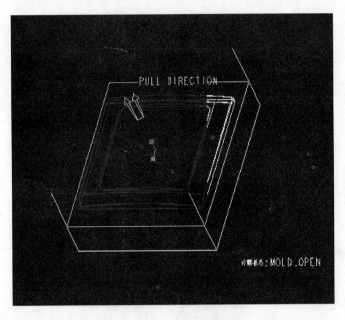

图 4-47　上模移动

输入沿指定方向的位移 100

图 4-48　移动距离输入框

选取），在图形窗口中选择下模型腔，在 GET SELECT 菜单中选择 Done Sel；在图形窗口中选择边作为移动方向。

6）在移动距离输入框中输入移动距离 100。

7）选择 Done 完成上模移动，如图 4-49 所示。

8）在 DEFINE SETUP 菜单中选择 Done，在 MOLD OPEN 菜单中选择 Done/Return，返回主菜单，模型恢复闭合状态。

9）在主菜单中选择 View→Explode，可以见到定义的开模状态。再次选择主菜单 View→Unexplode，重新恢复闭合状态。

7. 文件列表

可以在工作目录 mojusheji 下找到这些模型文件（见表 4-5）。

表 4-5　文件列表

文件名	后缀	文件类型说明
Shell_mold.mfg	.mfg	模具模型工程文件
Shell_mold.asm	.asm	模具元件的装配文件
Shell.prt	.prt	零件设计模型文件
Shell_mold_Ref.prt	.prt	参考模型文件
Shell_mold_WRK.prt	.prt	工件模型文件
Shell_mold_1.prt	.prt	下模文件
Shell_mold_2.prt	.prt	上模文件
Shell_molding.prt	.prt	试模成形件文件

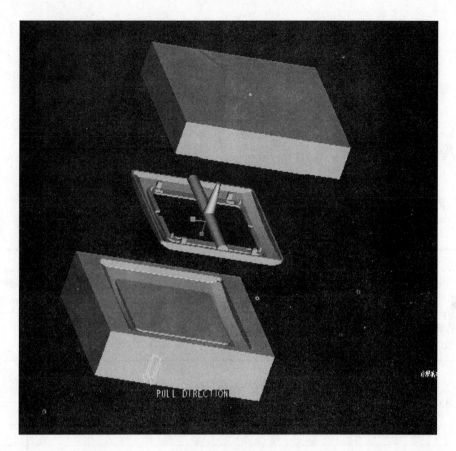

图 4-49　开模状态

第5章　模具设计常用标准

5.1　冷冲压模具设计常用标准

5.1.1　冷冲压成形中常用的工程材料

表 5-1　钢铁材料的力学性能

材料名称	牌　号	材料的状态	力学性能				
			抗剪强度 τ/MPa	抗拉强度 σ_b/MPa	屈服点 σ_s/MPa	伸长率 δ_{10}（%）	弹性模量 $10^{-3}E/\mathrm{MPa}$
电子工业纯铁 $w_C < 0.025$	DT1，DT2，DT3	已退火	177	225		26	
电子硅钢	D11，D12，D13 D31，D32						
	D310 ~ D340	已退火	186	225		26	
	D370，D41 ~ D48						
普通碳素钢	Q195	未经退火	255 ~ 314	314 ~ 392		28 ~ 33	
	Q215		265 ~ 333	333 ~ 412	216	26 ~ 31	
	Q235		304 ~ 373	432 ~ 461	253	21 ~ 25	
	Q255		333 ~ 412	481 ~ 511	255	19 ~ 23	
碳素结构钢	08F	已退火	216 ~ 304	275 ~ 383	177	32	
	08		255 ~ 353	324 ~ 441	196	32	186
	10F		216 ~ 333	275 ~ 412	186	30	
	10		255 ~ 333	294 ~ 432	206	29	194
	15F		245 ~ 363	314 ~ 451		28	
	15		265 ~ 373	333 ~ 471	225	26	198
	20F		275 ~ 383	333 ~ 471	225	26	196
碳素结构钢	20	已退火	275 ~ 392	353 ~ 500	245	25	206
	25		314 ~ 432	392 ~ 539	275	24	198
	30		353 ~ 471	441 ~ 588	294	22	197
	35		392 ~ 511	490 ~ 637	314	20	197
	40		412 ~ 530	511 ~ 657	333	18	209
	45		432 ~ 549	539 ~ 686	353	16	200
	50		432 ~ 569	539 ~ 716	373	14	216

材料名称	牌号	材料的状态	力学性能				
			抗剪强度 τ/MPa	抗拉强度 σ_b/MPa	屈服点 σ_s/MPa	伸长率 δ_{10}（%）	弹性模量 $10^{-3}E/MPa$
碳素结构钢	55	已正火	539	≥657	383	14	
	60		539	≥686	402	13	204
	65		588	≥716	412	12	
	70		588	≥745	422	11	206
碳素工具钢	T7～T12 T7A～T12A	已退火	588	736			
	T13，T12A		706	883			
	T8A～T9A	冷作硬化	588～932	736～1177			
优质碳素钢	10Mn2	已退火	314～451	392～569	225	22	207
	65Mn		588	736	392	12	207
合金结构钢	25CrMnSiA 25CrMnSi	已低温退火	392～549	490～686		18	
	30CrMnSiA 30CrMnS		432～588	539～736		16	
优质弹簧钢	60Si2Mn 60Si2MnA 65Si2WA	已低温退火	706	883		10	196
		冷作硬化	628～941	785～1177		10	
不锈钢	1Cr13	已退火	314～373	392～461	412	21	206
	2Cr13		314～392	392～490	441	20	206
	3Cr13		392～471	490～588	471	18	206
	4Cr13		392～471	490～588	490	15	206
	1Cr18Ni9Ti	经热处理	451～511	569～628	196	35	196

表 5-2　非铁金属材料的力学性能

材料名称	牌号	材料的状态	力学性能				
			抗剪强度 τ/MPa	抗拉强度 σ_b/MPa	屈服点 σ_s/MPa	伸长率 δ_{10}（%）	弹性模量 E/GPa
铝	L2，L3 L5，L7	已退火	78	74～108	49～78	25	71
		冷作硬化	98	118～147		4	
铝锰合金	LF21	已退火	69～98	108～142	49	19	70
		半冷作硬化	98～137	152～196	127	13	
铝镁合金 铝铜镁合金	LF2	已退火	127～158	177～225	98		69
		半冷作硬化	158～196	225～275	206		
高强度的铝 镁铜合金	LC4	已退火	167	245			69
		淬硬、人工时效	343	490	451		
镁锰合金	MB1	已退火	118～235	167～186	96	3～5	43
	MB8	已退火	167～186	216～225	137	12～14	39
		冷作硬化	186～196	235～245	157	8～10	

（续）

材料名称	牌号	材料的状态	力学性能				
			抗剪强度 τ/MPa	抗拉强度 σ_b/MPa	屈服点 σ_s/MPa	伸长率 δ_{10}（%）	弹性模量 E/GPa
硬铝（杜拉铝）	LY12	已退火	103~147	147~211		12	
		淬硬、自然时效	275~304	392~432	361	15	71
		淬硬、冷作硬化	275~314	392~451	333	10	
铅黄铜	HPb59-1	软	294	343	142	25	91
		硬	392	441	412	5	103
锰黄铜	HMn58-2	软	333	383	167	25	
		半硬	392	441		15	98
		硬	511	588		5	
锡磷青铜 锡锌青铜	QSn4-4-2.5 QSn4-3	软	255	294	137	38	98
		硬	471	539		3~5	
		特硬	490	637	535	1~2	122
铝青铜	QAl7	已退火	511	588	182	10	
		不退火	549	637	245	5	113~127
铝锰青铜	QAl9-2	软	353	441	294	18	90
		硬	471	588	490	5	
硅锰青铜	QSi3-1	软	275~294	343~373	234	40~45	118
		硬	471~511	588~637	530	3~5	
		特硬	549~588	686~736		1~2	
铍青铜	QBe2	软	235~471	294~588	245~343	30	115
		硬	511	647		2	129~138
钛合金	TA2	已退火	353~471	441~588		25~30	
	TA3		432~588	539~736		20~25	
	TA5		628~667	785~834		15	102
镁锰合金	MB1	冷态	118~137	167~186	118	3~5	39
	MB8		147~177	225~235	216	14~15	40
	MB1	预热 300℃	29~49	29~49		50~52	39
	MB8		49~69	49~69		58~62	40
纯铜	T1，T2，T3	软	157	196	69	30	106
		硬	235	294		3	127
黄铜	H62	软	255	294		35	98
		半硬	294	373	196	20	
		硬	412	412		10	
	H68	软	235	294	98	40	108
		半硬	275	343		25	
		硬	392	392	245	25	113

表 5-3 非金属材料的抗剪强度 τ （单位：MPa）

材料名称	凸模刃口模式 尖刃	凸模刃口模式 平刃	材料名称	凸模刃口模式 尖刃	凸模刃口模式 平刃
纸胶板、布胶板	90~130	120~200	桦木胶合板	200	
玻璃布脚板	120~140	160~220	松木胶合板	100	
玻璃纤维丝脚板	100~110	140~160	马粪纸	20~34	30~60
石棉纤维塑料	80~90	120~180	硬马粪纸	70	60~100
有机玻璃	70~80	90~100	绝缘纸板	40~70	60~100
石棉橡胶	40		红纸板		140~200
石棉板	40~50		纸	20~50	20~40
硬橡胶	40~80		漆布	30~60	
云母	50~80	60~100			

表 5-4 轧制薄铜板规格 （单位：mm）

厚度	较高精度 普通和优质钢板 冷扎和热扎 全部宽度	普通精度 热扎 宽度<1000	普通精度 热扎 宽度≤1000	500	600	710	750	800	850	900	950	1000	1100	1250	1400	1500
				长 度												
0.20~0.40	±0.04	±0.06	±0.06	—	1200	—	1000	—								
0.45~0.50	±0.05	±0.07	±0.07	1000	1500	1000	1500	1500	1500	1500						
0.55~0.60	±0.06	±0.08	±0.08	1500	1800	1420	1800	1800	1700	1800	1500	—	—	—	—	
0.65~0.70	±0.07	±0.09	±0.09	—	2000	1800	2000	2000	1800	2000	1900	1500				
0.80~0.90	±0.08	±0.10	±0.10	—	—	2000	—	—	2000		2000	2000				
1.0~1.1	±0.09	±0.12	±0.12													
1.2~1.25	±0.11	±0.13	±0.13	1000	1200	1000	1000	1500	1500	1000						
1.4	±0.12	±0.15	±0.15	1500	1420	1420	1500	1800	1700	1500	1500	1500	2000	2000		
1.5	±0.12	±0.15	±0.15	2000	1800	1800	1800	2000	1800	1800	1900	2000	2200	2500		
1.6~1.8	±0.14	±0.16	±0.16	2000	2000	2000		2000	2000	2000						
2.0	±0.15	+0.15 −0.18	±0.18		600	1000			1500	1000						
2.2	±0.16	+0.15 −0.19	±0.19	500 1000	1200 1500	1420 1500	1500 1800	1500 1800	1700 1800	1500 1800	1500 1900	1500 2000	2200 3000	2500 3000	2800 3000	3000
2.5	±0.17	+0.16 −0.20	±0.20	1500 2000	1800	2000	2000	2000	2000	2000	2000	3000	4000	4000	4000	4000
2.8~3.0	±0.18	+0.17 −0.22	±0.22		600	1000			1500	1000					2800	
3.2~3.5	±0.20	+0.18 −0.25	±0.25	500 1000	1200 1800	1420 1800	1500 1800	1500 1800	1700 1800	1500 1800	1500 1900	2000 3000	2200 3000	2500 3000	3000 3500	3000 3500
3.8~4.0	±0.22	+0.2 −0.3	±0.30	2000	2000	2000	2000	2000	2000	2000	2000	4000	4000	4000	4000	4000

表 5-5　低碳钢冷轧钢带的宽度及允许偏差　　　　　　（单位：mm）

公 称 宽 度	允 许 偏 差					
	厚度 0.05 ~ 0.50		厚度 0.50 ~ 1.00		厚度 > 1.00	
	普通精度	较高精度	普通精度	较高精度	普通精度	较高精度
4、5、6、7、8、9、10、11、12、13、14、15、16、17、18、19、20、21、22、24、26、28、30、32、34、36、38、40、43、46、50、53、56、60、63、66、70、73、76、80、83、86、90、93、96、100	- 0.30	- 0.15	- 0.40	- 0.25	- 0.50	- 0.30
105、110、115、120、125、130、135、140、145、150、155、160、165、170、175、180、185、190、195、200、205、210、215、220、225、230、235、240、245、250、260、270、280、290、300	- 0.5	- 0.25	- 0.60	- 0.35	- 0.70	- 0.50

表 5-6　电工用热轧硅钢板规格及允许偏差　　　　　　（单位：mm）

分　类	钢　号	厚　　度	厚度及偏差	宽度×长度及其偏差
低硅钢板	D11	1.0、0.5	1.0 ± 0.10 0.5 ± 0.05 0.35 ± 0.04	600 × 1200 670 × 1340 750 × 1500 860 × 1720 900 × 1800 1000 × 2000 宽度 ≤ 750 + 8 宽度 > 750 + 10 长度 ≤ 1500 + 25 长度 > 1500 + 30
	D12	0.5		
	D21	1.0、0.5、0.35		
	D22	0.5		
	D23	0.5		
	D24	0.5		
高硅钢板	D31	0.5、0.35		
	D32	0.5、0.35		
	D41	0.5、0.35		
	D42	0.5、0.35		
	D43	0.5、0.35		
	D44	0.5、0.35		
	DH41	0.35、0.2、0.1	0.2 ± 0.02 0.1 ± 0.02	
	DR41	0.35、0.2、0.1		
	DG41	0.35、0.2、0.1		

表 5-7　电信用冷轧硅钢带的规格　　　　　　（单位：mm）

牌　号	厚度	厚 度 偏 差		宽　　度	宽 度 偏 差			
		宽度 < 200	宽度 ≥ 200		宽 5 ~ 10	宽 12.5 ~ 40	宽 50 ~ 80	宽 > 80
DG1、DG2 DG3、DG4	0.5	± 0.005		5、6.5、8、10、12.5、15、16、20、25、32、40、50、64、80、100	- 0.20	- 0.25	- 0.30	+ 1% （宽度）
	0.8 1.0	± 0.010		5、6.5、8、10、12.5、15、16、20、25、32、40、50、64、80、100、110	- 0.20	- 0.25	- 0.03	
	0.20	± 0.015	± 0.02	80 ~ 300			- 0.30	
DQ1、DQ2 DQ3、DQ4 DQ5、DQ6	0.35	± 0.020	± 0.03	80 ~ 600			- 0.30	

表 5-8 凸、凹模材料选用与热处理

模具种类	冲压情况			选用材料	热处理硬度 HRC	
					凸模	凹模
冲裁	Ⅰ	简单形状冲裁	低速冲压	T10A、9Mn2V	58～62	60～64
			高速冲压	Cr12、Cr6WV	58～62	60～64
	Ⅱ	复杂形状冲裁	低速冲压	9Mn2V、CrWMn、Cr12MoV、Cr6WV	58～62	60～64
			高速冲压		58～62	60～64
	Ⅲ	高耐磨冲裁	低速冲压	Cr12、Cr12MoV、9CrSi、TCrSiMnMoV	58～62	58～62
			高速冲压	Cr12MoV、CrMn2SiWMoV、Cr4W2MoV	58～62	58～62
弯曲	Ⅰ	普通材料弯曲	低速冲压	T10A、9Mn2V	56～60	56～60
			高速冲压	Cr12MoV、Cr6WV、Cr4W2MoV	60～64	60～64
	Ⅱ	高耐磨材料弯曲	低速冲压	Cr12、Cr6WV	58～62	58～62
			高速冲压	W18Cr4V、Cr4W2MoV	60～64	60～64
拉深	Ⅰ	普通材料拉深	低速冲压	T10A、CrWMn	58～62	60～64
			高速冲压	Cr12MoV、GCr15	58～62	60～64
	Ⅱ	高耐磨材料拉深	低速冲压	Cr12MoV、GCr15	60～62	60～64
			高速冲压	Cr12MoV、W18Cr4V	62～64	60～64
成形	Ⅰ	一般成形	低速冲压	T10A、9Mn2V、9CrSi	58～62	60～64
			高速冲压	Cr12MoV、Cr6WV	58～62	62～64
	Ⅱ	复杂成形		9CrSi、Cr6WV W6Mo5Cr4V	58～62	58～62
	Ⅲ	冷镦成形		Cr12MoV、Cr6WV W18Cr4V W6Mo5Cr4V	>60	

表 5-9 冷冲模常用零件选用材料与热处理

类 别	零件名称	材料牌号	热 处 理	硬 度 HRC
模架	铸铁上、下模座	HT200		
	铸钢上、下模座			
	型钢上、下模座	Q235		
	滑动导柱导套	20	渗碳淬火	56～60
	滑动导柱导套	T8	淬火	58～62
	滑动导柱导套	GCr15	淬火	60～64
板类	普通卸料板	Q235		
	高速冲压卸料板	45、Gr15	GCr15 淬火	58～62
	普通固定板	Q235		
	高速冲压固定板	45、T8	淬火	40～45、50～54
	围框	45		
	导料板、侧压板	45、T8	T8 淬火	52～56
	承料板	Q235、45		
	垫板	45、T8	淬火	40～45、50～55

（续）

类 别	零件名称	材料牌号	热 处 理	硬 度 HRC
主 导 辅 助 件	拉深模压边圈	T10A、GCr15	淬火	58～62
	顶件器	45、T10A	淬火	40～45、56～62
	各种模芯	同凸凹模		
	导正钉	T10A、GCr15、Cr12	淬火	58～62
	浮顶器	45、T10A、GCr15	淬火	40～45、56～60
	侧刃挡块	T8A	淬火	54～58
	废料切刀	45	淬火	40～45
	条料弹顶器	45	淬火	40～45
	镦实板（块）	45、T10A	淬火	40～45、58～62
一 般 辅 助 件	模柄	Q235、45		
	限位柱（块）	45	淬火	40～45
	顶杆、打杆	45	淬火	40～45
	护板、挡板	20、Q235		
紧 固 件	紧固螺钉、螺栓	45	头部淬火	40～45
	销钉	45	淬火	43～48
	卸料板	45	头部淬火	40～45
	垫板	45	淬火	43～48
	堵头	Q235、45		
	螺母、垫圈	Q235、45		
	键	45		
	弹簧	65Mn	淬火	43～48
	弹簧片	65Mn	淬火	43～48
	碟形弹簧	60SiA、65Mn	淬火、回火	48～52

5.1.2 冷冲压成形常用设备

表 5-10 开式双柱可倾压力机技术规格

型号	J23- 3.15	J23- 6.3	J23- 10	J23- 16	J23- 16B	J23- 25	JC23- 35	JH23- 40	JG23- 40	JB23- 63	J23- 80	J23- 100	JA23- 100	J23- 100A	J23- 125
公差压力/kN	31.5	63	100	160	160	250	350	400	400	630	800	1000	1000	1000	1250
滑块行程/mm	25	35	45	55	70	65	80	80	100	100	130	130	150	16～140	145
滑块行程次数 /（次·min⁻¹）	200	170	145	120	120	55	50	55	80	40	45	38	38	45	38
最大封闭高度 /mm	120	150	180	220	220	270	280	330	300	400	380	480	430	400	480
封闭高度调节量 /mm	25	35	35	45	60	55	60	65	80	80	90	100	120	100	110
滑块中心线至床身 距离/mm	90	110	130	160	160	200	205	250	220	310	290	380	380	320	380
立柱距离/mm	120	150	180	220	220	270	300	340	300	420	380	530	530	420	530

（续）

型号	J23-3.15	J23-6.3	J23-10	J23-16	J23-16B	J23-25	JC23-35	JH23-40	JG23-40	JB23-63	J23-80	J23-100	JA23-100	J23-100A	J23-125
工作台尺寸/mm 前后	160	200	240	300	300	370	380	460	420	570	540	710	710	600	710
工作台尺寸/mm 左右	250	310	370	450	450	560	610	700	630	860	800	1080	1080	900	1080
工作台孔尺寸/mm 前后	90	110	130	160	110	200	200	250	150	310	230	380	405	250	340
工作台孔尺寸/mm 左右	120	160	200	240	210	290	290	360	200	400	280	500	470	320	450
工作台孔尺寸/mm 直径	110	140	170	210	160	260	260	320	200	400	280	500	470	320	450
垫板尺寸/mm 厚度	30	30	35	40	60	50	60	65	80	80	100	100	100	110	100
垫板尺寸/mm 直径							150				200		150		250
模柄孔尺寸/mm 直径	25	30	30	40	40	40	50	50	50	50	60	60	76	60	60
模柄孔尺寸/mm 厚度	40	55	55	60	60	60	70	70	70	70	80	75	76	80	80
滑块底尺寸/mm 前后	90				180		190	260	230	360	350	360		350	
滑块底尺寸/mm 左右	100				200		210	300	300	400	370	430		540	
床身最大可倾角/(°)	45	45	35	35	35	30	20	30	30	25	30	30	20	30	25

表 5-11　闭式单点压力机技术规格

型号	JA31-160B	J31-250	J31-315
公称压力/kN	1600	2500	3150
滑块行程/mm	160	315	315
公称压力行程/mm	8.16	10.4	10.5
滑块行程次数/（次·min^{-1}）	32	20	20
最大封闭高度/mm	375	490	490
封闭高度调节量/mm	120	200	200
工作台尺寸/mm 前后	790	950	1100
工作台尺寸/mm 左右	710	1000	1100
导轨距离/mm	590	900	930
滑块底面尺寸（前后）/mm	560	850	960
气垫行程/mm		150	160
气垫压力/kN 压紧	400	500
气垫压力/kN 顶出		70	76

表 5-12　开式双柱固定台压力机技术规格

型　号		JA21～35	JD21～100	JA21～160	J21～400A
公称压力/kN		350	1000	1600	4000
滑块行程/mm		130	可调 10～120	160	200
滑块行程次数/（次·min⁻¹）		50	75	40	25
最大封闭高度/mm		280	400	450	550
封闭高度调节量/mm		60	85	130	150
滑块中心线至床身距离/mm		205	325	380	480
立柱距离/mm		428	480	530	896
工作台尺寸/mm	前后	380	600	710	900
	左右	610	1000	1120	1400
工作台孔尺寸/mm	前后	200	300	—	480
	左右	290	420	—	750
	直径	260	—	460	300
垫板尺寸/mm	厚度	60	100	130	170
	直径	22.5	200	—	300
模柄孔尺寸/mm	直径	50	60	70	100
	深度	70	80	80	120
滑块底面尺寸/mm	前后	210	380	460	—
	左右	270	500	650	—

表 5-13　单柱固定台压力机技术规格

型　号		J11～3	J11～5	J11～16	J11～50	J11～100
公压压力/kN		30	50	160	500	1000
滑块行程/mm		0～40	0～40	6～70	10～90	20～100
滑块行程次数/（次·min⁻¹）		110	150	120	65	65
最大封闭高度/mm			170	226	270	320
封闭高度调节量/mm		30	30	45	75	85
滑块中心线至床身距离/mm		95	100	160	235	325
工作台尺寸/mm	前后	165	180	320	440	600
	左右	300	320	450	650	800
垫板厚度/mm		20	30	50	70	100
模柄孔尺寸/mm	直径	25	25	40	50	60
	深度	30	40	55	80	80

5.1.3　冷冲模设计中常用的技术要求

表 5-14　标准公差数值

基本尺寸/mm	公差等级															
	IT1	IT2	IT3	IT4	IT5	IT6	IT7	IT8	IT9	IT10	IT11	IT12	IT13	IT14	IT15	IT16
	公差/μm															
≤3	0.8	1.2	2	3	4	6	10	14	25	40	60	100	140	250	400	600
>3~6	1	1.5	2.5	4	5	8	12	18	30	48	75	120	180	300	480	750
>6~10	1	1.5	2.5	4	6	9	15	22	36	58	90	150	220	360	580	900
>10~18	1.2	2	3	5	8	11	18	27	43	70	110	180	270	430	700	1100
>18~30	1.5	2.5	4	6	9	13	21	33	52	84	130	210	330	520	840	1300
>30~50	1.5	2.5	4	7	11	16	25	39	62	100	160	250	390	620	1000	1600
>50~80	2	3	5	8	13	19	30	46	74	120	190	300	460	740	1200	1900
>80~120	2.5	4	6	10	15	22	35	54	87	140	220	350	540	870	1400	2200
>120~180	3.5	5	8	12	18	25	40	63	100	160	250	400	630	1000	1600	2500
>180~250	4.5	7	10	14	20	29	46	72	115	185	290	460	720	1150	1850	2900
>250~315	6	8	12	16	23	32	52	81	130	210	320	520	810	130	2100	3200
>315~400	7	9	13	18	25	36	57	89	140	230	360	570	890	1400	2300	3600
>400~500	8	10	15	20	27	40	63	97	155	250	400	630	970	1550	2500	4000

表 5-15　模具设计中常用的配合特性与应用

常用配合	配合特性及应用举例
H6/h5、H7/h6、H8/h7	间隙定位配合，如导柱与导套的配合，凸模与导板的配合，套式浮顶器与凹模的配合等
H6/m5、H6/n5、、H7/k6、H7/m6、、H7/n6、H8/k7	过渡配合，用于要求较高的定位，如凸模与固定板的配合，导套与模座，导套与固定板，模柄与模座的配合等
H7/p6、H7/r6、、H7/s6、H7/u6、H6/r5	过盈配合，能以最好的定位精度满足零件的刚性和定位要求，如圆凸模的固定，导套与模座的固定，导柱与固定板的固定，斜楔与上模的固定等

表 5-16　常用配合的极限偏差

（单位：μm）

| 基本尺寸/mm | | 孔公差带 | | | | | | | | 轴公差带 | | | | | | | | | | | | |
大于	至	H6	H7	H8	H9	h5	h6	h7	h8	k6	k7	m6	m7	n6	n7	p6	p7	r6	r7	s6	s7	u6
—	3	+6 / 0	+10 / 0	+14 / 0	+25 / 0	0 / −4	0 / −6	0 / −10	0 / −14	+6 / 0	+10 / 0	+8 / +2	+12 / +2	+10 / +4	+14 / +4	+12 / +6	+16 / +6	+16 / +10	+20 / +10	+20 / +14	+24 / +14	+28 / +18
3	6	+8 / 0	+12 / 0	+18 / 0	+30 / 0	0 / −5	0 / −8	0 / −12	0 / −18	+9 / +1	+13 / +1	+12 / +4	+16 / +4	+16 / +8	+20 / +8	+20 / +12	+24 / +12	+23 / +15	+27 / +15	+27 / +19	+31 / +19	+31 / +19
6	10	+9 / 0	+15 / 0	+22 / 0	+36 / 0	0 / −6	0 / −9	0 / −15	0 / −22	+10 / +1	+16 / +1	+15 / +6	+21 / +6	+19 / +10	+25 / +10	+24 / +15	+30 / +15	+28 / +19	+34 / +19	+32 / +23	+36 / +23	+38 / +23
10	14	+11 / 0	+18 / 0	+27 / 0	+43 / 0	0 / −8	0 / −11	0 / −18	0 / −27	+12 / +1	+19 / +1	+18 / +7	+25 / +7	+23 / +12	+30 / +12	+29 / +18	+36 / +18	+34 / +23	+41 / +23	+39 / +28	+46 / +28	+46 / +28
14	18																					
18	24	+13 / 0	+21 / 0	+32 / 0	+52 / 0	0 / −9	0 / −13	0 / −21	0 / −33	+15 / +2	+23 / +2	+21 / +8	+29 / +8	+28 / +15	+36 / +15	+35 / +22	+43 / +22	+41 / +28	+49 / +28	+48 / +35	+56 / +35	+62 / +41
24	30																					+62 / +41
30	40	+16 / 0	+26 / 0	+39 / 0	+62 / 0	0 / −11	0 / −16	0 / −25	0 / −39	+18 / +2	+27 / +2	+25 / +9	+34 / +9	+33 / +17	+42 / +17	+42 / +26	+51 / +26	+50 / +34	+59 / +34	+59 / +43	+68 / +43	+73 / +48
40	50																					+79 / +54
50	65	+19 / 0	+30 / 0	+46 / 0	+74 / 0	0 / −13	0 / −19	0 / −30	0 / −46	+21 / +2	+32 / +2	+30 / +11	+41 / +11	+39 / +20	+50 / +20	+51 / +32	+62 / +32	+60 / +41	+71 / +41	+72 / +53	+83 / +53	+106 / +87
65	80																	+62 / +43	+73 / +43	+78 / +59	+89 / +59	+121 / +102
80	100	+22 / 0	+35 / 0	+54 / 0	+87 / 0	0 / −15	0 / −22	0 / −35	0 / −54	+25 / +3	+38 / +3	+35 / +13	+48 / +13	+45 / +23	+58 / +23	+59 / +37	+72 / +37	+73 / +51	+86 / +51	+93 / +71	+106 / +71	+146 / +124
100	120																	+76 / +54	+89 / +54	+101 / +79	+114 / +79	+159 / +144

（续）

孔公差带 / 轴公差带

基本尺寸/mm 大于	至	H6	H7	H8	H9	h5	h6	h7	h8	k6	k7	m6	m7	n6	n7	p6	p7	r6	r7	s6	s7	u6
120	140	+25/0	+40/0	+63/0	+100/0	0/−18	0/−25	0/−40	0/−63	+28/+3	+43/+3	+40/+15	+55/+15	+52/+27	+67/+27	+68/+43	+83/+43	+88/+63	+103/+63	+117/+92	+132/+92	+188/+170
140	160																	+90/+65	+105/+65	+125/+100	+140/+100	+215/+190
160	180																	+93/+68	+108/+68	+133/+108	+148/+108	+228/+210
180	200	+29/0	+46/0	+72/0	+115/0	0/−20	0/−29	0/−46	0/−72	+33/+4	+50/+4	+46/+17	+63/+17	+60/+31	+77/+31	+79/+50	+96/+50	+106/+77	+123/+77	+151/+122	+168/+122	+265/+236
200	225																	+109/+80	+126/+80	+159/+130	+176/+130	+287/+258
225	250																	+113/+84	+130/+84	+169/+140	+186/+140	+304/+284
250	280	+32/0	+52/0	+81/0	+130/0	0/−23	0/−32	0/−52	0/−81	+36/+4	+56/+4	+52/+20	+72/+20	+66/+34	+86/+34	+88/+56	+108/+62	+126/+94	+146/+94	+180/+158	+210/+158	+338/+315
280	315																	+130/+98	+150/+98	+202/+170	+220/+170	+382/+350
315	355	+36/0	+57/0	+89/0	+140/0	0/−25	0/−35	0/−57	0/−89	+40/+4	+61/+4	+57/+21	+78/+21	+73/+37	+94/+37	+108/+62	+131/+62	+144/+108	+165/+108	+226/+190	+247/+190	+415/+390
355	400																	+150/+114	+171/+114	+224/+208	+265/+208	+460/+435
400	450	+40/0	+63/0	+97/0	+155/0	0/−27	0/−40	0/−63	0/−97	+45/+5	+68/+5	+63/+23	+86/+23	+80/+40	+103/+40	+108/+68	+131/+68	+166/+126	+189/+126	+272/+232	+295/+232	+517/+490
450	500																	+172/+132	+195/+132	+292/+252	+319/+252	+567/+540

表 5-17 模具精度与冲压精度的关系

模具类型 →		精密模具 (ZM)					普通精度模具 (PT)									低精度模具 (DZ)		
精度组别		A	A	B	B	B	C	C	C	D	D	D	D	E	E	E	F	F	F
公差等级序号		1	2	3	4	5	6	7	8	9	10	11	12	13	14	15	16	17	18
精度系数 Z_c		20	12	8.0	5.0	3.0	2.0	1.5	1.2	1.0	0.85	0.80	0.75	0.70	0.65	0.60	0.55	0.50	0.50
公差等级		IT01	IT0	IT1	IT2	IT3	IT4	IT5	IT6	IT7	IT8	IT9	IT10	IT11	IT12	IT13	IT14	IT15	IT16
年产量/件	制件形状	\multicolumn{18}{c}{冲压件的公差等级}
≤1000 (小批)	简									IT8	IT9	IT10	IT11	IT12	IT13	IT14	IT15	IT16	IT17
	中									IT9	IT10	IT11	IT12	IT13	IT14	IT15	IT16	IT17	IT18
	复									IT10	IT11	IT12	IT13	IT14	IT15	IT16	IT17	IT18	IT18
1000~1万 (小批)	简							IT6	IT7	IT8	IT9	IT10	IT11	IT12	IT13	IT14	IT15		
	中							IT7	IT8	IT9	IT10	IT11	IT12	IT13	IT14	IT15	IT16		
	复							IT8	IT9	IT10	IT11	IT12	IT13	IT14	IT15	IT16	IT17		
1万~10万 (中批)	简					IT4	IT5	IT6	IT7	IT8	IT9	IT10	IT11	IT12	IT13				
	中					IT5	IT6	IT7	IT8	IT9	IT10	IT11	IT12	IT13	IT14				
	复					IT6	IT7	IT8	IT9	IT10	IT11	IT12	IT13	IT14	IT15				
10万~50万 (中批)	简				IT3	IT4	IT5	IT6	IT7	IT8	IT9	IT10	IT11	IT12					
	中				IT4	IT5	IT6	IT7	IT8	IT9	IT10	IT11	IT12	IT13					
	复				IT5	IT6	IT7	IT8	IT9	IT10	IT11	IT12	IT13	IT14					
50万~100万 (大批)	简		IT1	IT2	IT3	IT4	IT5	IT6	IT7	IT8	IT9	IT10							
	中		IT2	IT3	IT4	IT5	IT6	IT7	IT8	IT9	IT10	IT11							
	复		IT3	IT4	IT5	IT6	IT7	IT8	IT9	IT10	IT11	IT12							
>100万 (大批)	简	IT0	IT1	IT2	IT3	IT4	IT5	IT6	IT7	IT8	IT9								
	中	IT1	IT2	IT3	IT4	IT5	IT6	IT7	IT8	IT9	IT10								
	复	IT2	IT3	IT4	IT5	IT6	IT7	IT8	IT9	IT10	IT11								

表 5-18　冲裁和拉深件未注公差尺寸的偏差　　　　　（单位：mm）

基本尺寸	尺寸的类型		
	包容表面	被包容表面	暴露表面及孔中心距
≤3	+ 0.25	− 0.25	± 0.15
> 3 ~ 6	+ 0.30	− 0.30	± 0.15
> 6 ~ 10	+ 0.36	− 0.36	± 0.215
> 10 ~ 18	+ 0.43	− 0.43	± 0.215
> 18 ~ 30	+ 0.52	− 0.52	± 0.31
> 30 ~ 50	+ 0.62	− 0.62	± 0.31
> 50 ~ 80	+ 0.74	− 0.75	± 0.435
> 80 ~ 120	+ 0.87	− 0.87	± 0.435
> 120 ~ 180	+ 1.00	− 1.00	± 0.575
> 180 ~ 250	+ 1.15	− 1.15	± 0.575
> 250 ~ 315	+ 1.30	− 1.30	± 0.70
> 315 ~ 400	+ 1.40	− 1.40	± 0.70
> 400 ~ 500	+ 1.55	− 1.55	± 0.875
> 500 ~ 630	+ 1.75	− 1.75	± 0.875
> 630 ~ 800	+ 2.00	− 2.00	± 1.15
> 800 ~ 1000	+ 2.30	− 2.30	± 1.15
> 1000 ~ 1250	+ 2.60	− 2.60	± 1.55
> 1250 ~ 1600	+ 3.10	− 3.10	± 1.55
> 1600 ~ 2000	+ 3.70	− 3.70	± 2.20
> 2000 ~ 2500	+ 4.40	− 4.40	± 2.20

注：包容尺寸——当测量时包容量具的表面尺寸称为包容尺寸，如孔径或槽宽。

被包容尺寸——当测量时被量具包容的表面尺寸称被包容尺寸，如圆柱体直径和板厚等。

暴露表面尺寸——不属于包容尺寸和被包容尺寸的表面尺寸称为暴露尺寸，如凸台高度，不通孔的深度等。

表 5-19　冲裁件尺寸公差等级

材料厚度 t/mm	内孔与外形		孔中心距、孔边距	
	普级	精级	普级	精级
≤1	IT13	IT10	IT13	IT11
> 1 ~ 4	IT14	IT11	IT14	IT13

表 5-20　精冲件公差等级

材料厚度 t/mm	普　级	精　级	孔距、孔边距
≤4	IT10	IT9	IT10
> 4 ~ 10	IT11	IT10	IT11

表 5-21　弯曲件、拉深件、成形件的公差等级

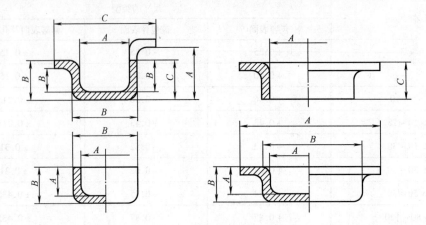

材料厚度	A	B	C	A	B	C
t/mm	普级			精级		
≤1	IT13	IT15	IT16	IT11	IT14	IT15
>1~4	IT14	IT16	IT17	IT13	IT15	IT16

表 5-22　弯曲件角度偏差 Δα

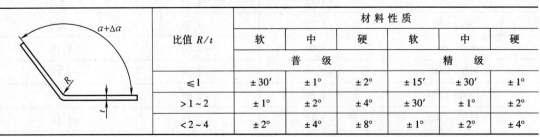

比值 R/t	材料性质					
	软	中	硬	软	中	硬
	普　级			精　级		
≤1	±30′	±1°	±2°	±15′	±30′	±1°
>1~2	±1°	±2°	±4°	±30′	±1°	±2°
<2~4	±2°	±4°	±8°	±1°	±2°	±4°

表 5-23　直线度和平面度公差值

主参数 L/mm	公差等级											
	1	2	3	4	5	6	7	8	9	10	11	12
	公差值/μm											
≤10	0.2	0.4	0.8	1.2	2	3	5	8	12	20	30	60
<10~16	0.25	0.5	1	1.5	2.5	4	6	10	15	25	40	80
<16~25	0.3	0.6	1.2	2	3	5	8	12	20	30	50	100
<25~40	0.4	0.8	1.5	2.5	4	6	10	15	25	40	60	120
<40~63	0.5	1	2	3	5	8	12	20	30	50	80	150
<63~100	0.6	1.2	2.5	4	6	10	15	25	40	60	100	200
<100~160	0.8	1.5	3	5	8	12	20	30	50	80	120	250
<160~250	1	2	4	6	10	15	25	40	60	100	150	300
<250~400	1.2	2.5	5	8	12	20	30	50	80	120	200	400
<400~630	1.5	3	6	10	15	25	40	60	100	150	250	500
<630~1000	2	4	8	12	20	30	50	80	120	200	300	600
<1000~1600	2.5	5	10	15	25	40	60	100	150	250	400	800

表 5-24 未注角度公差的极限偏差

公差等级	短边长度/mm				
	≤10	>10~50	>50~120	>120~400	>400
精密	±1°	±30′	±20′	±10′	±5′
普通	±1°30′	±1°	±30′	±15′	±10′
粗级	±3°	±2°	±1°	±30′	±20′

表 5-25 圆度和圆柱度公差值

主参数 d(D)/mm	公差等级												
	0	1	2	3	4	5	6	7	8	9	10	11	12
	公差值/μm												
≤3	0.1	0.2	0.3	0.5	0.8	1.2	2	3	4	6	10	14	25
>3~6	0.1	0.2	0.4	0.6	1	1.5	2.5	4	5	8	12	18	30
>6~10	0.12	0.25	0.4	0.6	1	1.5	2.5	4	6	9	15	22	36
>10~18	0.15	0.25	0.5	0.8	1.2	2	3	5	8	11	18	27	43
>18~30	0.2	0.3	0.6	1	1.5	2.5	4	6	9	13	21	33	52
>30~50	0.25	0.4	0.6	1	1.5	2.5	4	7	11	16	25	39	62
>50~80	0.3	0.5	0.8	1.2	3	3	5	8	13	19	30	46	74
>80~120	0.4	0.6	1	1.5	2.5	4	6	10	15	22	35	54	87
>120~180	0.6	1	1.2	2	3.5	5	8	12	18	25	40	63	100
>180~250	0.8	1.2	2	3	4.5	7	10	14	20	29	46	72	115

表 5-26 平行度、垂直度、倾斜度公差值

主参数 L、d(D)/mm	公差等级											
	1	2	3	4	5	6	7	8	9	10	11	12
	公差值/μm											
≤10	0.4	0.8	1.5	3	5	8	12	20	30	50	80	120
<10~16	0.5	1	2	4	6	10	15	25	40	60	100	150
<16~25	0.6	1.2	2.5	5	8	12	20	30	50	80	120	200
<25~40	0.8	1.5	3	6	10	15	25	40	60	100	150	250
<40~63	1	2	4	8	12	20	30	50	80	120	200	300
<63~100	1.2	2.5	5	10	15	25	40	60	100	150	250	400
<100~160	1.5	3	6	12	20	30	50	80	120	200	300	500
<160~250	2	4	8	15	25	40	60	100	150	250	400	600
<250~400	2.5	5	10	20	30	50	80	120	200	300	500	800
<400~630	3	6	12	25	40	60	100	150	250	400	600	1000
<630~1000	4	8	15	30	50	80	120	200	300	500	800	1200
<1000~1600	5	10	20	40	60	100	150	250	400	600	1000	1500

表 5-27 同轴度、对称度、圆跳动和全跳动公差值

主 参 数	公差等级											
$d(D)$、B、L /mm	1	2	3	4	5	6	7	8	9	10	11	12
	公差值/μm											
≤1	0.4	0.6	1.0	1.5	2.5	4	6	10	15	25	40	60
>1~3	0.4	0.6	1.0	1.5	2.5	4	6	10	20	40	60	120
>3~6	0.5	0.8	1.2	2	3	5	8	12	25	50	80	150
>6~10	0.6	1	1.5	2.5	4	6	10	15	30	60	100	200
>10~18	0.8	1.2	2	3	5	8	12	20	40	80	120	250
>18~30	1	1.5	2.5	4	6	10	15	25	50	100	150	300
>30~50	1.2	2	3	5	8	12	20	30	60	120	200	400
>50~120	1.5	2.5	4	6	10	15	25	40	80	150	250	500
>120~250	2	3	5	8	12	20	30	50	100	200	300	600
>250~500	2.5	4	6	10	15	25	40	60	120	250	400	800
>500~800	3	5	8	12	20	30	50	80	150	300	500	1000
>800~1250	4	6	10	15	25	40	60	100	200	400	600	1200

表 5-28 冲模零件表面粗糙度对照表

GB/T 1031—1995（新标准）		使 用 范 围
粗糙度数值/μm	标 准 示 例	
0.1	$\overset{0.1}{\triangledown}$	抛光的转动体表面
		抛光的成形面及平面
0.2	$\overset{0.2}{\triangledown}$	1．压弯、拉深、成形的凸模和凹模工作表面
0.4	$\overset{0.4}{\triangledown}$	2．圆柱表面和平面的刃口
		3．滑动和精确导向的表面
0.8	$\overset{0.8}{\triangledown}$	1．成形的凸模和凹模刃口、凸模、凹模模块的接合面
		2．过盈配合和过渡配合的表面——用于热处理零件
1.6	$\overset{1.6}{\triangledown}$	3．支承定位和紧固表面——用于热处理零件
		4．磨加工的基准面，要求准确的工艺基准表面
3.2	$\overset{3.2}{\triangledown}$	1．内孔表面——在非热处理零件上配合用
		2．模座平面
6.3	$\overset{6.3}{\triangledown}$	1．不磨加工的支承、定位和紧固表面——用于非热处理的零件
		2．模座平面
12.5	$\overset{12.5}{\triangledown}$	不与冲压制件及冲模零件接触的表面
25	$\overset{25}{\triangledown}$	粗糙的不重要表面
$\sqrt{}$		不需机械加工的表面

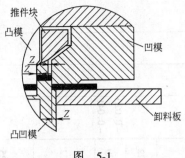

图 5-1

表 5-29　凸模和卸料板、顶出器之间的间隙

(单位：mm)

料厚 t	间隙 Z
$> 0 \sim 0.2$	滑配
$> 0.2 \sim 0.5$	0.1
$> 0.5 \sim 1$	0.15
$> 1 \sim 2$	0.2
> 2	0.3

5.1.4　冷冲模设计中的常用件和标准件

模座标记示例（见图 5-2）：

凹模周界 $L = 200$mm；$B = 160$mm；厚度 $H = 45$mm

材料为 HT200 的后侧导柱上（下）模座

上（下）模座 200mm × 160mm × 45mm GB/T 2855.5—1990（GB/T 2855:6—1990）HT200

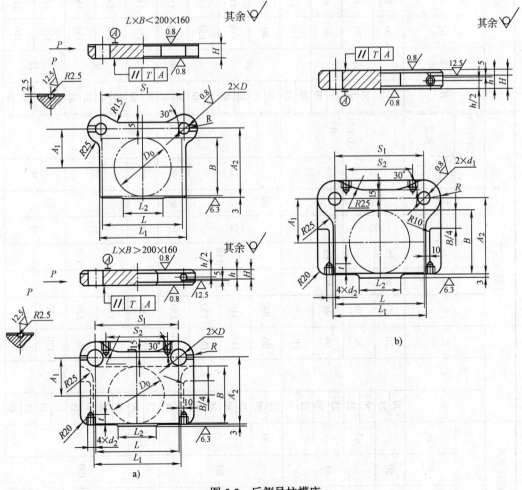

图 5-2　后侧导柱模座

a) 上模座　b) 下模座

表 5-30　后侧导柱模座尺寸　　　　　　　　　　　　　　　　（单位：mm）

凹模周界			上模座尺寸								D (H7)		下模座尺寸								d_1 (R7)		起重孔尺寸		
L	B	D_0	H	h	L_1	S_1	A_1	A_2	R	L_2	基本尺寸	偏差	H	h	L_1	S_1	A_1	A_2	R	L_2	基本尺寸	偏差	d_2	t	S_2
63	50	—	20 / 25	—	70	70	45	75	25	40	25	+0.021 / 0	25 / 30	20	70	70	45	75	25	40	16	−0.016 / −0.034			
63	63	63	20 / 25		70	70							25 / 30		70	70									
80		—	25 / 30		90	94	50	85	28		28		30 / 40		90	94	50	85	28		18				
100		80	25 / 30		110	116							30 / 40		110	116									
80	80		25 / 30		90	94	65	110	32	60	32	+0.025 / 0	30 / 40	25	90	94	65	110	32	60	20	−0.020 / −0.041			
100			25 / 30		110	116							30 / 40		110	116									
125			25 / 30		130	130							30 / 40		130	130									
(140)			30 / 35		150	150			35	80	35		35 / 45		150	150			35	80	22				
100	100		25 / 30		110	116	75	130	32	60	32		30 / 40		110	116	75	130	32	60	20				
125			30 / 35		130	130			35		35		35 / 45	30	130	130			35		22				
(140)			30 / 35		150	150							35 / 45		150	150									
160			35 / 40		170	170			38	80	38		40 / 50	35	170	170			38	80	25				
200			35 / 40		210	210							40 / 50		210	210									

凹模周界			上模座尺寸								D (H7)		下模座尺寸								d₁ (R7)		起重孔尺寸		
L	B	D_0	H	h	L_1	S_1	A_1	A_2	R	L_2	基本尺寸	偏差	H	h	L_1	S_1	A_1	A_2	R	L_2	基本尺寸	偏差	d_2	t	S_2
125	125	125	30 / 35		130	130	85	150	35	60	35	+0.025 / 0	35 / 45	30	130	130	85	150	35	60	22	−0.020 / −0.041	—	—	—
(140)	125	—	35 / 40		150	150	85	150	38	80	38	+0.025 / 0	40 / 50	35	150	150	85	150	38	80	25	−0.020 / −0.041	—	—	—
160	125	—	35 / 40		170	170	85	150	38	80	38	+0.025 / 0	40 / 50	35	170	170	85	150	38	80	25	−0.020 / −0.041	—	—	—
200	125	—	35 / 40		210	210	85	150	42	100	42	+0.025 / 0	40 / 50	35	210	210	85	150	42	100	28	−0.020 / −0.041	—	—	—
250	125	—	40 / 45		260	250	85	150	42	100	42	+0.025 / 0	45 / 55	35	260	250	85	150	42	100	28	−0.020 / −0.041	—	—	—
(140)	(140)	(140)	35 / 40		150	150	95	170	38	80	38	+0.025 / 0	40 / 50	35	150	150	95	170	38	80	25	−0.020 / −0.041	—	—	—
160	(140)	—	35 / 40		170	170	95	170	38	80	38	+0.025 / 0	40 / 50	35	170	170	95	170	38	80	25	−0.020 / −0.041	—	—	—
200)	(140)	—	40 / 45		210	210	95	170	42	100	42	+0.025 / 0	45 / 55	35	210	210	95	170	42	100	28	−0.020 / −0.041	—	—	—
250	(140)	—	40 / 45		260	250	95	170	42	100	42	+0.025 / 0	45 / 55	35	260	250	95	170	42	100	28	−0.020 / −0.041	—	—	—
160	160	160	40 / 45		170	170	110	195	45	80	45	+0.025 / 0	45 / 55	35	170	170	110	195	45	80	32	−0.025 / −0.050	—	—	—
200	160	—	40 / 45		210	210	110	195	45	80	45	+0.025 / 0	45 / 55	35	210	210	110	195	45	80	32	−0.025 / −0.050	—	—	—
250	160	—	45 / 50		260	250	110	195	45	100	45	+0.025 / 0	50 / 80	35	260	250	110	195	45	100	32	−0.025 / −0.050	M14	28	150
(280)	160	—	45 / 50		290	280	110	195	45	100	45	+0.025 / 0	50 / 60	35	290	280	110	195	45	100	32	−0.025 / −0.050	M14	28	180

（续）

凹模周界			上模座尺寸										下模座尺寸										起重孔尺寸		
L	B	D_0	H	h	L_1	S_1	A_1	A_2	R	L_2	D(H7) 基本尺寸	D(H7) 偏差	H	h	L_1	S_1	A_1	A_2	R	L_2	d_1(R7) 基本尺寸	d_1(R7) 偏差	d_2	t	S_2
200	200	200	45,50	40	210	210	130	235	45	80	45	+0.025, 0	50,60	40	210	210	130	235	45	80	32	−0.025, −0.050	M14	28	120
250	200	—	45,50	40	260	250	130	235	45	80	45	+0.025, 0	50,60	40	260	250	130	235	45	80	32	−0.025, −0.050	M14	28	150
280	200	—	45,50	40	290	280	130	235	45	80	45	+0.025, 0	55,65	40	290	280	130	235	45	80	32	−0.025, −0.050	M14	28	180
315	200	—	45,50	40	325	305	130	235	45	80	45	+0.025, 0	55,65	40	325	305	130	235	45	80	32	−0.025, −0.050	M14	28	200
250	250	250	45,50	40	260	250	160	290	50	100	50	+0.025, 0	55,65	40	260	250	160	290	50	100	35	−0.025, −0.050	M16	32	150
(280)	250	—	45,50	40	290	280	160	290	50	100	50	+0.025, 0	55,65	40	290	280	160	290	50	100	35	−0.025, −0.050	M16	32	180
315	250	—	50,55	40	325	305	160	290	50	100	50	+0.025, 0	60,70	40	325	305	160	290	50	100	35	−0.025, −0.050	M16	32	200
400	250	—	50,55	40	410	390	160	290	50	100	50	+0.025, 0	60,70	40	410	390	160	290	50	100	35	−0.025, −0.050	M16	32	280
(280)	(280)	(280)	50,55	45	290	280	175	320	55	100	55	+0.030, 0	60,70	45	290	280	175	320	55	100	40	−0.025, −0.050	M20	40	170
315	(280)	—	50,55	45	325	305	175	320	55	100	55	+0.030, 0	60,70	45	325	305	175	320	55	100	40	−0.025, −0.050	M20	40	200
400	(280)	—	50,55	45	410	390	175	320	55	100	55	+0.030, 0	60,70	45	410	390	175	320	55	100	40	−0.025, −0.050	M20	40	270

标记示例（见图 5-3）：

凹模周界 $L = 200\text{mm}$，$B = 160\text{mm}$，厚度 $H = 45\text{mm}$

材料为 HT200 的中间导柱，上（下）模座：

上（下）模座 200mm × 160mm × 45mmGB/T 2855.9—1990（GB/T 2855.10—1990）

HT200

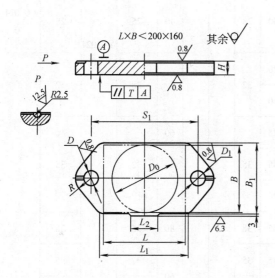

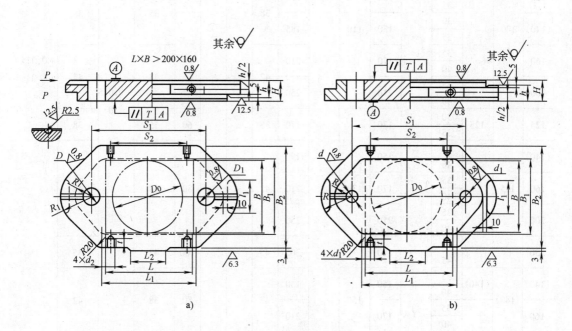

a) 上模座　b) 下模座

图 5-3　中间导柱模座

表 5-31　中间导

凹模周界			上模座尺寸													
													D（H7）		D_1（H7）	
L	B	D_0	H	h	L_1	B_1	B_2	S_1	R	R_1	l_1	l_2	基本尺寸	偏差	基本尺寸	偏差
63	50	—	20		70	60		100	28			40	25		28	+0.021 0
			25													
63		63	20		70									+0.021 0		
			25													
80	63	—	25		90	70		120					28		32	
			30						32							
100			25		110			140								
			30													
80	80	80	25		90			125				60	32		35	
			30													
100			25		110			145	35				32		35	
			30			90										
125	80	—	25		130			170								
			30													
(140)			30		150			185	38			80	35		38	
			35													
100	100	100	25		110			145	35			60	32		35	
			30													
125			30		130			170					35		38	
			35						38							
(140)	100	—	30	—	150	110	—	185		—	—					
			35													
160			35		170			210				80	38		42	+0.025 0
			40						42							
200			35		210			250						+0.025 0		
			40													
125	125	125	30		130			170	38			60	35		38	
			35													
(140)			35		150			190								
			40													
160	125	—	35		170	130		210	42			80	38		42	
			40													
200			35		210			250								
			40													
250			40		260			305	45			100	42		45	
			45													
(140)	(140)	(140)	35		150			150	42			80	38		42	
			40			150										
160	(140)	—	35		170			210								
			40													
200	(140)	—	40		210	150		255	45			80	42		45	
			45													
250			40		260			305				100				

柱模座尺寸 　　　　　　　　　　　　　　　　　　　　　　　（单位：mm）

下模座尺寸														起重孔尺寸		
H	h	L_1	B_1	B_2	S_1	R	R_1	l_1	l_2	d（R7）		d_1（R7）		d_2	t	S_2
										基本尺寸	偏差	基本尺寸	偏差			
25	20	70	60	92	100	28	44	30	40	16	−0.016	18	−0.016			
30													−0.034			
25				102							−0.034					
30																
30		90	70	116	120	32	55			18		20				
40																
30		110			140											
40																
30	25	90	90	140	125	35	60	50	60	20		22				
40																
30		110			145											
40																
30		130			170											
40																
35	30	150		150	185	38	68	70	80	22		25				
45																
30	25	110		160	145	35	60	50	60	20		22				
40													−0.020			
35	30	130	110	170	170	38	68			22		25	−0.041			
45																
35		150			185											
45																
40	35	170		176	210	42	75	70	80	25		28		—	—	—
50																
40		210			250					−0.020						
50										−0.041						
35	30	130		190	170	38	68	50	60	22		25				
45																
40	35	150	130		190											
50																
40		170		196	210	42	75	70	80	25		28				
50																
40		210			250											
50																
45		260		200	305	45	80	90	100	28		32	−0.025			
55													−0.050			
40		150	150	216	190	42	75	70	80	25		28	−0.020			
50													−0.041			
40		170			210											
50																
45	35	210	150	220	255	45	80	70	80	28		32	−0.025			
55													−0.050			
45		160			305			90	100							

凹模周界			上模座尺寸											D (H7)		D₁ (H7)	
L	B	D_0	H	h	L_1	B_1	B_2	S_1	R	R_1	l_1	l_2	基本尺寸	偏差	基本尺寸	偏差
250	(140)	—	45		260	150		305				100				
160	160	160	40	—	170			215	45	—	—	80	42		45	
			45													
200	160		40		210	170		255								+0.025 0
			45													
250	160		45		260		240	316			90	100				
			50						50	85			45	+0.025 0	50	
(280)	160		45		290			340								
			50								70	80				
200	200	200	45		210		280	260								
			50													
250	200		45	40	260	210		310								
			50				290									
(280)	200		45		290			345								
			50													
315	200		45		325			380	55	95	90	100	50		55	
			50													
250	250	250	45		260		340	315								
			50													
(280)	250		45		290			345								
			50			260										
315	250	—	50		325		350	385								
			55													
400	250		50		410			470			110	120				
			55													
(280)	(280)	(280)	50	45	290			350	60	105			55		60	
			55								90	100				+0.030 0
315	(280)	—	50		325	290	380	385								
			55													
400	(280)		50		410			470			110	120				
			55													
315	315	315	50		325			390			90	100		+0.030 0		
			55													
400	315		55		410	325	425	475			170	120			65	
			60						65	115			60			
500	315	—	55		510			575			130	140				
			60													
400	400	400	55		410		510	475			110	120				
			60			410										
630	400		55	45	640		520	710			150	160				
			65						70	125			65		70	
500	500	500	65		510	510	620	580			130	140				
			65													

						下模座尺寸								起重孔尺寸		
H	h	L_1	B_1	B_2	S_1	R	R_1	l_1	l_2	d (R7) 基本尺寸	d (R7) 偏差	d_1 (R7) 基本尺寸	d_1 (R7) 偏差	d_2	t	S_2
55	35	260	150	220	305			90	100	28	−0.030 −0.041	32		—	—	—
45 / 55		170	170	240	215	45	80	70	80							
45 / 55		210			255											
50 / 60	40	280			310	50	85	90	100	32	−0.025 −0.050	35	−0.025 −0.050	M14	28	210
50 / 60		290			340											250
60 / 80		210	210	280	260			70	80							170
50 / 60		260			310											210
55 / 65		290	210	290	345	55	95	90	100	35		40				250
55 / 65		325			380											290
55 / 65		260	260	340	315											210
55 / 65		290			345											250
60 / 70		325	260	350	385			90	100					M16	32	260
60 / 70		410			470			110	120							340
60 / 70		290	290	380	350	60	105	90	100	40		45				250
60 / 70		325			385											260
60 / 70		410			470			110	120							340
60 / 70		325	325	425	390	65	115	90	100	45		50				260
65 / 75	45	410			475			110	120					M20	40	340
65 / 75		510			575			130	140							440
65 / 75		410	410	510	475			110	120							360
65 / 80		640		520	710	70	125	150	160	50	−0.030 −0.060	55	−0.030 −0.060			570
65 / 80		510	510	620	580			130	140							440

标记示例（见图 5-4）：

凹模周界 $D_0 = 160\mathrm{mm}$，厚度 $H = 45\mathrm{mm}$

材料为 HT200 的中间导柱圆形上（下）模座：

上（下）模座 160×45 GB/T 2855.11—1990（GB/T 2855.12—1990）HT200

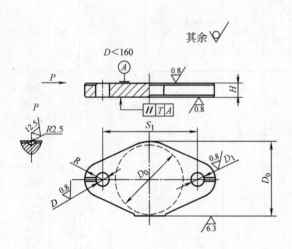

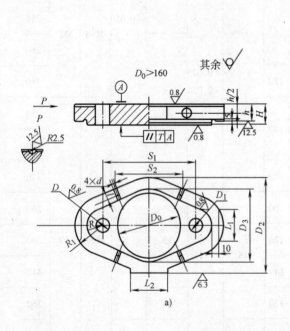

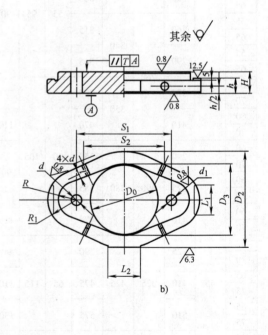

图 5-4　中间导柱圆形模座

a）上模座　b）下模座

表 5-32　中间导柱圆形模座尺寸

(单位：mm)

凹模周界 D_0	上模座尺寸													下模座尺寸													起重孔尺寸		
	H	h	D_3	D_2	S_1	R	R_1	L_1	L_2	D (H7) 基本尺寸	D (H7) 偏差	D_1 (H7) 基本尺寸	D_1 (H7) 偏差	H	h	D_3	D_2	S_1	R_1	R	L_1	L_2	d (R7) 基本尺寸	d (R7) 偏差	d_1 (R7) 基本尺寸	d_1 (R7) 偏差	d_2	t	S_2
63	20 / 25	20	70	—	100	28	—	—	50	25	+0.021 / 0	28	+0.021 / 0	25 / 30	20	70	102	100	44	28	40	50	16	−0.016 / −0.034	18	−0.016 / −0.034			
80	25 / 30	25	90	—	125	35	—	—	60	32	+0.025 / 0	35	+0.025 / 0	30 / 40	25	90	136	125	58	35	50	60	20	−0.020 / −0.041	22	−0.020 / −0.041			
100	25 / 30	25	110	—	145	35	—	—	60	32	+0.025 / 0	35	+0.025 / 0	30 / 40	25	110	160	145	60	35	50	60	20	−0.020 / −0.041	22	−0.020 / −0.041			
125	30 / 35	30	130	—	170	38	—	—	80	35	+0.025 / 0	38	+0.025 / 0	35 / 45	30	130	190	170	68	38	70	80	22	−0.020 / −0.041	25	−0.020 / −0.041			
(140)	35 / 40	35	150	—	190	42	—	—	80	38	+0.025 / 0	42	+0.025 / 0	40 / 50	35	150	216	190	75	42	70	80	25	−0.020 / −0.041	28	−0.020 / −0.041			
160	40 / 45	40	170	—	215	45	—	—	100	42	+0.025 / 0	45	+0.025 / 0	45 / 55	40	170	240	215	80	45	90	100	28	−0.020 / −0.041	32	−0.025 / −0.050			
200	45 / 50	40	210	280	260	50	85	90	100	45	+0.025 / 0	50	+0.025 / 0	50 / 60	45	210	280	260	85	50	90	100	32	−0.025 / −0.050	35	−0.025 / −0.050	M14	28	180
250	45 / 50	45	260	340	315	55	95	90	100	50	+0.025 / 0	55	+0.030 / 0	50 / 60	45	260	340	315	95	55	90	100	35	−0.025 / −0.050	40	−0.025 / −0.050	M16	32	220
(280)	50 / 55	45	290	380	350	60	105	90	100	55	+0.030 / 0	60	+0.030 / 0	60 / 70	45	290	380	350	105	60	90	100	40	−0.025 / −0.050	45	−0.025 / −0.050	M20	40	260
315	50 / 55	50	325	425	390	65	115	90	100	60	+0.030 / 0	65	+0.030 / 0	60 / 70	50	325	425	390	115	65	90	100	45	−0.025 / −0.050	50	−0.025 / −0.050	M20	40	280
400	55 / 60	50	410	510	475	65	115	90	100	60	+0.030 / 0	65	+0.030 / 0	65 / 75	50	410	510	475	115	65	90	100	45	−0.025 / −0.050	50	−0.025 / −0.050	M20	40	380
500	55 / 65	55	510	620	580	70	125	90	100	65	+0.030 / 0	70	+0.030 / 0	65 / 80	55	510	620	580	125	70	90	100	50	−0.025 / −0.050	55	−0.030 / −0.060	M20	40	480
630	60 / 75	55	640	758	720	76	135	90	100	70	+0.030 / 0	75	+0.030 / 0	70 / 90	55	640	758	720	135	76	90	100	55	−0.030 / −0.060	60	−0.030 / −0.060	M20	40	600

5.2 塑料模具设计常用标准

5.2.1 热固性塑料

酚醛塑料型号由 4 部分组成：

类别以汉语拼音字母表示，见表 5-33；填料种类以阿拉伯数字表示，见表 5-34；树脂含量（%）以阿拉伯数字表示，见表 5-35。树脂组成以阿拉伯数字表示，见表 5-36。

注射成形的酚醛塑料以汉语拼音字母"Z"表示，用"—"连接在型号的后面。

表 5-33　酚醛塑料粉的类别符号（GB 1404—1995）

类 别	符 号	类 别	符 号	类 别	符 号
日用	R	高电压	Y	耐热	E
电气	D	无氨	A	冲击	J
绝缘	U	耐酸	S	耐磨	M
高频	P	湿热	H	特种	T

表 5-34　酚醛塑料粉的填料种类符号（GB 1404—1995）

填料种类	符 号	填料种类	符 号
木（竹）粉	1	高岭上	5
石英	2	木粉与矿物	6
云母	3	矿物与矿物	7
石棉	4	其他	8

注：1. 含有两种填料的产品，一般以复合填料的符号（6 或 7）表示；若其中一种填料的重量占填料总量的 60% 以上，则以该填料的符号表示。

2. 含有 3 种或 3 种以上填料的产品，一般以复合填料的符号（6 或 7）表示；若其中一种填料的重要占填料总重的 50% 以上，则以该填料的符号表示。

表 5-35　酚醛塑料粉的树脂含量符号（GB 1404—1995）

树脂含量（%）	符 号	树脂含量（%）	符 号	树脂含量（%）	符 号
~ 30	1	> 40 ~ 45	4	> 55 ~ 60	7
> 30 ~ 50	2	> 45 ~ 50	5	> 60 ~ 65	8
> 35 ~ 40	3	> 50 ~ 55	6	> 65	9

表 5-36　酚醛塑料粉的树脂组成符号（GB 1404—1995）

树脂组成	符号	树脂组成	符号
苯酚、甲醛	1	苯胺、苯酚、甲醛	01
工业酚、甲醛	2	聚氯乙烯、苯酚、甲醛	02
苯酚、工业酚、甲醛	3	丁腈橡胶、苯酚、甲醛	03
苯酚、二甲酚、甲醛	4	聚酰胺、苯酚、甲醛	04
苯酚、杂酚、甲醛	5	苯乙烯、苯酚、甲醛	05
苯酚、甲酚、甲醛	6	二甲苯、苯酚、甲醛	06
苯酚、糠醛、甲醛	7	三聚氧胺、苯酚、甲醛	07
酚、糖醛、甲醛	8		

表 5-37　常用酚醛塑料粉型号对照

新型号	原型号									
	上海塑料厂	常熟塑料厂	山东塑料厂	长春化工二厂	天河塑料厂	太原酚醛塑料厂	山东化工厂	哈尔滨绝缘材料厂	南中塑料厂	重庆塑料厂
R128	塑44-3			7221 651 652						
R131	R131	13 23 633- 30 41				904				
R133	R133	13 23 633-		6221		904				
R135		23 633-30 41								
R132	塑19-2	23 633-30 41		6221	1202	904				R1-21
R138		633-14								
D131	塑11-12	11 21 632- 30 41		7212		905			140	
D133	塑18-1	11 632- 21		5712	1201	905			240	
D135		11 632- 21		5712						

（续）

新型号	原型号									
	上海塑料厂	常熟塑料厂	山东塑料厂	长春化工二厂	天河塑料厂	太原酚醛塑料厂	山东化工厂	哈尔滨绝缘材料厂	南中塑料厂	重庆塑料厂
D138	塑44-2	632-4								
D141	塑11-1	631-10/20/30/41	FUF-81	5511	1001	906	FS-602	4010	145/245	T1-31
D144	塑15-1									
D145		631-10/20		5711/5611						
D151	塑11-4	631-28		6612	1002	912				
U1601	塑14-1	635-23	FUF-11	6711	3201	603	FS-201	5361		D5-41
U2101	塑14-2-1									
U2301		U2301								
U8101	塑14-2-2	U8101								
P2301	塑14-5	635-25	FYF-15	6712	3251	604	FS-104			
P3301	塑14-9	635-28	FYF-18	6714	3231		FS-102			
P2701	塑14-8	635-27								
P7301	塑14-6	635-24	FKF-12	6713	3252	605	FS-101	5362		
Y2304	塑35-1		FKF-51/52	6404	3151		FSB-105			Y8-22
A1501	塑17-1	635-29	FKF-21/(22)	6601	3401	601	FS-504		A4-41	A4-41
S5802	塑11-6	634-10		6412	3041			4510		
H161	塑11-10	631-19/29/39	FUF-25	6611	1003	907		4013	150/250	
E431	塑11-18	631-24	FSF-86	6402	1031		FS-402			
E631		631-25								
E731	塑11-2			6405		911				
J1503	J1503	J1503		604（木粉）						
J8603	J8603	J8603		6401（石粉）						
M441	塑23-1					909				
M4602	塑13-1									

（续）

新型号	原 型 号									
	上海塑料厂	常熟塑料厂	山东塑料厂	长春化工二厂	天河塑料厂	太原酚醛塑料厂	山东化工厂	哈尔滨绝缘材料厂	南中塑料厂	重庆塑料厂
M5802	塑 11-6C									
T171		10 637- 41								
T661		砂轮专用粉								
H1601-Z	塑 11-10 注					907-注				
H1606-Z	塑 20-1 注									
D151-Z	D151-Z									

表 5-38　常用热固性塑料使用性能

塑料名称	型号举例	性　能	用　途
酚醛塑料	R131、R121 R132、R126 R133、R136 R135、R137 R128、R138	可塑性和成形工艺性良好。适宜于压塑成形	主要用来制造日常生活和文教用品
	D131、D133 D138、D151	机电性能和物理、化学性能良好，成形快，工艺性良好。适宜压塑成形	主要用来制造日用电器的绝缘结构件
	D141、D144 D145、D151		用来制造低压电器的绝缘结构件或纺织机械零件
	U1601、U1801 U2101、U2301	电绝缘性和力学、物理、化学性能良好。适宜于压塑成形，也可用于挤塑成形	用来制造介电性较高的电信仪表和交通电器的绝缘结构件。U1601 可在湿热地区使用
	P2301、P7301 P3301	耐高频绝缘和耐热、耐水性优良。适宜于热压加工成形	用来制造高频无线电绝缘零件和高压电器零件，并可在湿热地区使用
	Y2304	电气绝缘性和电气强度优良，防湿、防霉及耐水性良好。适宜于压塑成形，也可用于挤塑成形	用来制造在湿度大、频率高、电压高的条件下工作的机电、电信仪表、电工产品的绝缘结构件
	A1501	物理力学性能和电气绝缘性能良好。适宜于压塑成形，也可用于挤塑成形	主要用来制造在长期使用过程中不放出氨的工业制品和机电、电信工业用的绝缘结构件
	S5802	耐水、耐酸性、介电性、机械强度良好。适宜于压塑成形，也可用于挤塑成形	主要用来制造受酸和水蒸气侵蚀的仪表、电器的绝缘结构件，以及卫生医药用零件

（续）

塑料名称	型号举例	性　能	用　途
酚醛塑料	H161	防霉、耐湿热性优良，力学、物理性能和电绝缘性能良好。适宜于压塑成形，也可用于挤塑成形	用来制造电器、仪表的绝缘结构件，可在湿热条件下使用
	E631、E431 E731	耐热、耐水性、电气绝缘性良好。E631、E431 适宜于压塑成形，E731 适宜于挤塑成形	主要用来制造受热较高的电气绝缘件和电热仪表制品。适宜在湿热带使用
	M441、M4602 M5802	机械强度和耐磨性优良。适宜于压塑成形	主要用来制造耐磨零件
	J1503、J8603	冲击强度、耐油、耐磨性和电绝缘性能优良，J8603 还具有防霉、防湿、耐水性能。适宜于压塑成形	主要用来制造振动频率的电工产品的绝缘结构件和带金属嵌件的复杂制品
	T171、T661	力学性能良好。T661 还具有良好的导热性	用来制造特种要求的零件 T661 主要用于砂轮制造
	H161-Z H1606-Z D151-Z	力学、物理性能、电绝缘性能良好，适宜于注射成形	主要制造电器、仪表的绝缘结构件。H1601-Z 还在湿热地区使用
氨基塑料	塑 33-3. 塑 33-5	耐弧性和电绝缘性能良好，耐水、耐热性较高，适宜于压塑成形，塑 33-5 还适宜于挤塑成形	主要用来制造要求耐电弧的电工零件以及绝缘、防爆等矿用电器零件
	脲-甲醛塑料	着色性好，色泽鲜艳，外观光亮，无特殊气味，不怕电火花，有灭弧能力，防霉性良好，耐热、耐水性比酚醛塑料弱	用来制造日用、航空和汽车的装饰、电器开关、灭弧器材及矿用电器等
有机硅塑料	浇铸料	耐高低温、耐潮、憎水性好，电阻高、高频绝缘性好、耐辐射、耐臭氧	主要用于电工、电子元件及线圈的灌封与固定
	塑料粉		用来制造耐高温、耐电弧和高频绝缘零件
硅酮塑料		电性能良好，可在很宽的频率和温度范围内保持良好性能，耐热性好，可在 -90～300℃下长期使用，耐辐射、防水、化学稳定性好，抗裂性良好，可低压成形	主要用于低压挤塑封装整流器、半导体管及固体电路等
环氧塑料	浇铸料	强度高、电绝缘性优良、化学稳定性和耐有机溶剂性好，对许多材料的粘结力强，但性能受填料品种和用量的影响。脂环族环氧塑料的耐热性较高。适用于浇注成形和低压挤塑成形	主要用于电工、电子元件及线圈的灌封与固定，还可用来修复零件

表 5-39　常用热固性塑料成形性能

塑料名称	成 形 性 能
酚醛塑料	1. 成形性较好，但收缩性及方向性一般比氨基塑料大，并含有水分挥发物。成形前应预热，成形过程中应排气。不预热者应提高模温和成形压力 2. 模温对流动性影响较大，一般超过 160℃时，流动性会迅速下降 3. 硬化速度一般比氨基塑料慢，硬化时放出的热量大。大型厚壁塑件的内部温度不宜过高，容易发生硬化不均和过热
氨基塑料	1. 流动性好，硬化速度快，故预热及成形温度要适当，装料、合模及加压速度要快 2. 成形收缩率大，脲甲醛塑料等不宜挤塑大型塑件 3. 含水分挥发物多，易吸湿、结块，成形时应预热干燥，并防止再吸湿，但过于干燥则流动性下降。成形时有水分及分解物，有弱酸性，模具应镀铬，防止腐蚀，成形时应排气 4. 成形温度对塑件质量影响较大。温度过高易发生分解、变色、气泡、开裂、变形、色泽不匀；温度低时流动性差，无光泽，故应严格控制成形温度 5. 料细、比体积大、料中充气多，用预压锭成形大塑件时易发生波纹及流痕，故一般不宜采用 6. 性脆，嵌件周围易应力集中，尺寸稳定性差 7. 储存期长、储存温度高时会引起流动性迅速下降
有机硅塑料粉	1. 流动性好，硬化速度慢，压塑成形时需要较高的成形温度 2. 压塑成形后，须经过高温固化处理
硅酮塑料	1. 流动性极好，溢料、收缩小，但储存温度高时会使流动性迅速下降 2. 硬化速度慢，成形后需高温固化，并可能发生后收缩。塑件厚度大于 10mm 时，应逐渐升温和适当延长保温时间，否则易脆裂 3. 用于封装集成电路等电子元件时，进料口位置及截面应注意防止熔料流速太快，或直接冲击细弱元件。主流道截面尺寸不宜过小，进料口相对方向宜开溢料槽
环氧塑料 （浇铸料）	1. 流动性好，硬化收缩小，但热刚性差，不易脱模 2. 硬化速度快，硬化时一般不需排气，装料后应立即加压
玻璃纤维增强塑料	1. 流动性比一般压塑料差，但物料渗入力强；飞边厚，且不易去除，故选择分型面时，应注意飞边方向。上、下模及镶拼件宜取整体结构，若采用组合结构，其装配间隙不宜取大，上下模可拆的成形零件宜取 IT8～IT9 间隙配合 2. 收缩小，收缩率一般取 0.1%～0.2%，但有方向性，易发生熔接不良、变形、翘曲、缩孔、裂纹、应力集中、树脂填料分布不均现象，薄壁易碎、不易脱模，大面塑件易发生波纹及物料聚积 3. 成形压力大，物料渗挤力大，模具型芯和塑件嵌件应有足够的强度，以防变形、位移与损坏，尤其对细长型芯与型腔间空隙较小时，更应注意 4. 比体积、压缩比都比一般塑料大，故模具设计时应取较大的加料室，一般物料体积取塑件体积的 2～3 倍 5. 适于成形通孔，避免成形 ϕ5mm 以下的不通孔，大型塑件尽量不设计小孔，孔间距、孔边距宜取大，大密度排列的孔不宜压塑成形，成形不通孔时，其底部应成半球面或圆锥面，以利物料流动，孔径与孔深之比，一般取 1:2～1:3 6. 加压方向宜选塑件投影面大的方向，不宜选尺寸精度高的部位和嵌件、型芯的轴线垂直方向 7. 模具应抛光、淬硬，选用耐磨钢材，脱模斜度宜取 1°以上，顶杆应有足够的强度，顶出力分布均匀，顶杆不宜兼作型芯 8. 快速成形料可在成形温度下脱模，慢速成形料的模具应有加热及强迫冷却措施

注：质量体积的定义为体积除以质量，单位为 m^3/kg（在工程中俗称比容），根据中华人民共和国国家标准量和单位，称为质量体积或比体积。

表 5-40　常用热固性塑料主要技术指标

塑料型号	单位	R121、R126 R128、R131 R132、R133 R135、R136 R137、R138	R131 R135	D131 D133 D135	D138	D141 D144 D145	D151	D141	U1601 U1501
颜色		黑、棕	红、绿	黑、棕	黑、棕	黑、棕	黑、棕	红、绿	黑、棕
密度	g/cm^3	≤1.50		≤1.50	≤1.50	≤1.45	≤1.40	≤1.50	≤1.45
比体积	mL/g	≤2.0		≤2.0	≤2.0	≤2.0	≤2.0	≤2.0	≤2.0
收缩率	%	0.5~1.0		0.5~1.0	0.5~1.0	0.5~1.0	0.5~1.0	0.5~1.0	0.5~1.0
吸水性	mg/cm^2			≤0.8	≤0.8	≤0.8	≤0.7	≤0.8	≤0.5
拉西格流动性	mm	100~190		80~180	100~180	80~180	80~180	80~180	100~200
马丁耐热性	℃			≥120	≥120	≥120	≥120	≥120	≥115
冲击强度	$10^5 Pa$	≥5.0		≥6.0	≥6.0	≥6.0	≥6.0	≥6.0	≥5.0
弯曲强度	$10^5 Pa$	≥600		≥700	≥700	≥700	≥700	≥700	≥650
表面电阻系数	Ω			$≥1×10^{11}$	$≥1×10^{11}$	$≥1×10^{11}$	$≥1×10^{11}$	$≥1×10^{11}$	$≥1×10^{11}$
体积电阻系数	$\Omega \cdot cm$			$≥1×10^{10}$	$≥1×10^{10}$	$≥1×10^{10}$	$≥1×10^{10}$	$≥1×10^{11}$	$≥1×10^{12}$
击穿强度	kV/cm			≥12	≥12	≥12	≥12	≥10	≥13

塑料型号	U165	U2101 U8101	P2301	D2301	P3301	P7301	P2701	Y2304	A1501	S5802	H161	E631 E431	E731	J1503	J8603	M441
颜色	黑、棕	本	本	本、褐	本	本、黑	本、黑	本	黑、棕	黑、棕	黑、棕、红、绿	黑、棕	黑	黑、褐	黑	黑
密度 g/cm³	≤1.40	≤2.0	≤2.0	≤1.90	≤1.85	≤1.95	≤1.60	≤1.90	≤1.45	≤1.60	≤1.50	≤1.70	≤1.80	≤1.45	≤1.60	≤1.80
比体积 mL/g	≤2.8								≤2.0		≤2.0	≤2.0		≤2.0		
收缩率 %	0.5~1.0		0.4~0.9	0.3~0.7	0.2~0.5	0.3~0.7	0.5~0.9	0.4~0.7	0.5~1.0	0.4~0.8	0.5~0.9	0.2~0.6		0.5~1.0	0.5~0.9	
吸水性 mg/cm²	≤0.8		≤0.25	≤0.25	≤0.25	≤0.25	≤0.25	≤0.25	≤0.8	≤0.3	≤0.40	≤0.50	≤0.20	≤0.80	≤0.30	≤0.20
拉西格流动性 mm	80~180	80~100	80~180	80~180	80~180	80~180	80~180	100~200	80~180	100~200	100~190	80~180	≥160	100~200	100~190	100~180
马丁耐热性 ℃	≥110	≥130	≥140	≥140	≥140	≥150	≥140	≥125	≥120	≥120	≥125	≥140	≥140	≥125	≥125	≥150
冲击强度 10⁵Pa	≥5.0	≥3.0	≥3.0	≥6.0	≥2.0	≥3.0	≥4.0	≥6.0	≥5.5	≥6.0	≥6.0	≥4.5	≥2.5	≥8.0	≥8.0	≥4.0
弯曲强度 10⁵Pa	≥650			≥800	≥400	≥500	≥550	≥900	≥650	≥650	≥700	≥600		≥600	≥600	≥700
表面电阻系数 Ω	≥5×10¹³	≥1×10¹³	≥1×10¹³	≥5×10¹³	≥5×10¹³	≥1×10¹⁴	≥1×10¹³	≥1×10¹⁴	≥1×10¹³	≥1×10¹²	≥1×10¹²	≥1×10¹¹	≥1×10¹¹	≥1×10¹¹	≥1×10¹²	
体积电阻系数 Ω·cm	≥5×10¹²	≥1×10¹³	≥1×10¹³	≥1×10¹³	≥1×10¹³	≥1×10¹⁴	≥1×10¹³	≥1×10¹⁴	≥5×10¹²	≥1×10¹¹	≥1×10¹¹	≥1×10¹⁰	≥1×10¹⁰	≥1×10¹¹	≥1×10¹¹	
击穿强度 kV/cm	≥13	≥12	≥13	≥12	≥12	≥12	≥12	≥16	≥13	≥13	≥13	≥12	≥12	≥12	≥13	

（续）

塑料型号	单位	M4602	M5802	H161-Z	H1601-Z	D151-Z	T171	T661	塑33-3	塑33-5
颜 色		本	黑	黑	黑、棕	黑	黑、绿	本	蓝灰	蓝灰
密 度	g/cm^3	≤1.90	≤1.50	≤1.45	≤1.45	≤1.45	≤1.45	≤1.65	≤1.80	≤2.10
比体积	mL/g			≤2.0	2.0	≤2.0	≤2.0		≤2.0	
收缩率	%		0.4~0.8	0.6~1.0	0.6~1.0	0.6~1.0	0.6~1.0	0.5~0.9	0.4~0.8	0.2~0.6
吸水性	mg/cm^3	≤0.50	≤0.30	≤0.40	≤0.40	≤0.70	≤0.50	≤0.40	≤1.00	≤0.80
拉西格流动性	mm	80~200	100~200	>200 余料0.1~0.5克	>200 余料0.1~0.5克	>200	≥140	120~200	120~200	120~190
马丁耐热性	℃		≥110	≥125	≥125	≥120	≥120	≥125	≥140	≥150
冲击强度	10^5Pa	≥3.5	≥5.0	≥6.0	≥6.0	≥6.0	≥6.0	≥6.0	≥4.5	≥2.5
弯曲强度	10^5Pa		≥550	≥700	≥700	≥700	≥700	≥700	≥700	≥500
表面电阻系数	Ω			≥$1\sim10^{12}$	≥$1\sim10^{12}$	≥$1\sim10^{11}$			≥$1\sim10^{12}$	≥$1\sim10^{12}$
体积电阻系数	$\Omega\cdot cm$			≥$1\sim10^{11}$	≥$1\sim10^{11}$	≥$1\sim10^{10}$			≥$1\sim10^{12}$	≥$1\sim10^{11}$
击穿强度	kV/cm			≥13	≥13	≥12			≥12	≥12

（续）

塑料型号		MP1	A₁（脲甲醛塑料）粉	A₁（脲甲醛塑料）粒	A₂（半透明甲醛塑料粉）	聚邻苯二甲酸二丙烯酯（DAP）D100（长玻纤增强）	聚邻苯二甲酸二丙烯酯（DAP）D200（短玻纤增强）	4250（有机硅塑料粉）	KH612（硅酮塑料）
颜色		蓝类							
密度	g/cm³	≤2.00	≤1.50	≤1.50	≤1.50	≤1.70	≤1.70	1.75~1.95	2.03
比体积	mL/g	0.1~0.4	≤3.0	≤2.0	≤3.0				
收缩率	%	0.1~0.4	0.4~0.8	0.4~0.8	0.4~0.8	0.1~0.3	0.4~0.8	≤0.5	0.76（成型后）
吸水性	mg/cm³	≤0.40	0.50	≤0.50					
拉西格格流动性	mm		140~200	140~200	140~200	好	好	100~160	30
马丁耐热性	℃	≥180	≥100	≥100	≥90		130~190		
冲击强度	10⁵Pa	≥15	≥8	≥7	≥7	>35	>20		
弯曲强度	10⁵Pa	≥800	≥900	≥900	≥900	>800	700~1000		
表面电阻系数	Ω	≥1×10¹¹	≥1×10¹¹	≥1×10¹¹		>1.5×10²	≥1.2×10¹⁶		
体积电阻系数	Ω·cm	≥1×10¹⁰	≥1×10¹¹	≥1×10¹¹		>3.87×10¹⁵	>5.5×10¹⁵		
击穿强度	kV/cm	≥11	≥10	≥10		13	15		

注：同一型号的塑料，因生产厂、生产日期和批量不同，技术指标会略有差异，应以具体产品的检验说明书为准。

表 5-41　常用热塑性塑料和树脂缩写代号（GB/T 1844.1—1995）

缩写代号	塑料或树脂全称	
	英　文	中　文
ABS	acrylonitrile-butadiene-styrene copolymer	丙烯腈-丁二烯-苯乙烯共聚物
A/S	acrylonitrile-styrene copolymer	丙烯腈-苯乙烯共聚物
A/MMA	acrylonitrile-methyl methacrylate copolymer	丙烯腈-甲基丙烯酸甲酯共聚物
A/S/A	acrylonitrile-styrene-acrylate copolymer	丙烯腈-苯乙烯-丙烯酸酯共聚物
CA	cellulose acetate	乙酸纤维素（醋酸纤维素）
CN	cellulose nitrate	硝酸纤维素
EC	ethyl cellulose	乙基纤维素
FEP	perfluorinated ethylene-propylene copolymer	全氟（乙烯-丙烯）共聚物（聚全氟乙丙烯）
GPS	general polystylene	通用聚苯乙烯
GRP	glass fibre reinforced plastics	玻璃纤维增强塑料
HDPE	high density polyethylene	高密度聚乙烯
HIPS	high impact polyethylene	高冲击强度聚苯乙烯
LDPE	low density polyethylene	低密度聚乙烯
MDPE	middle density polyethylene	中密度聚乙烯
PA	polyamide	聚酰胺（尼龙）
PAA	poly（acrylic acid）	聚丙烯酸
PC	polycarbonate	聚丙烯酯
PAN	polyacrylonitrile	聚丙烯腈
PCTFE	polychlorotrifluoroethylene	聚三氟氯乙烯
PE	polyethylene	聚乙烯
PEC	chlorinated polyethylene	氯化聚乙烯
PI	polyimide	聚酰亚胺
PMMA	poly（methyl methacrylate）	聚甲基丙烯酸甲酯
POM	polyformaldchyde（polyoxymethylene）	聚甲醛
PP	polypropylene	聚丙烯
PPC	chlorinated polypropylene	氯化聚丙烯
PPO	poly（phenylene oxide）	聚苯醚（聚 2.6 二甲基苯醚），聚苯撑氧
PPS	poly（phenylene sulfide）	聚苯硫醚
PPSU	poly（phenylene sulfone）	聚苯砜
PS	polystyrene	聚苯乙烯
PSF	polysulfone	聚砜
PTFE	polytetrafluoroethylene	聚四氟乙烯
PVC	poly（vinyl chloride）	聚氯乙烯
PVCC	chlorinated poly（vinyl chloride）	氯化聚氯乙烯
PVDC	poly（vinylidene chloride）	聚偏二氯乙烯
PVDF	poly（vinylidene fluoride）	聚偏二氟乙烯
RP	reinforced plastics	增强塑料
S/AN	styrene acrylonitrile copolymer	苯乙烯 丙烯腈共聚物

5.2.2 热塑性塑料

表 5-42　常用热塑性塑料使用性能

塑料名称	性能	用途
硬聚氯乙烯	机械强度高，电气性能优良，耐酸碱力极强，化学稳定性好，但软化点低	适于制造棒、管、板、焊条、输油管及耐酸碱零件
软聚氯乙烯	伸长率大，机械强度、耐腐蚀性、电绝缘性均低于硬聚氯乙烯，且易老化	适于制作薄板、薄膜、电线电缆绝缘层、密封件等
聚乙烯	耐腐蚀性、电绝缘性（尤其高频绝缘性）优良，可以氯化、辐照改性，可用玻璃纤维增强 低压聚乙烯的熔点、刚性、硬度和强度较高，吸水性小，有突出的电气性能和良好的耐辐射性 高压聚乙烯的柔软性、伸长率、冲击强度和透明性较好 超高分子量聚乙烯冲击强度高，耐疲劳，耐磨，用冷烧结成形	低压聚乙烯适于制作耐腐蚀零件 高压聚乙烯适于制作薄膜等 超高分子量聚乙烯适于制作减摩、耐磨及传动零件
聚丙烯	密度小，强度、刚性、硬度、耐热性均优于低压聚乙烯，可以100℃左右使用。具有优良的耐腐蚀性，良好的高频绝缘性，不受温度影响；但低温变脆，不耐磨，易老化	适于制作一般机械零件、耐腐蚀零件和绝缘零件
聚苯乙烯	电绝缘性（尤其高频绝缘性）优良，无色透明，透光率仅次于有机玻璃，着色性、耐水性、化学稳定性良好，机械强度一般，但性脆，易产生应力碎裂，不耐苯、汽油等有机溶剂	适于制作绝缘透明件、装饰及化学仪器、光学仪器等零件
丁苯橡胶改性聚苯乙烯（203A）	与聚苯乙烯相比，有较高的韧性和抗冲击强度，其余性能相似	适于制作各种仪表和无线电结构零件
聚苯乙烯改性有机玻璃（372有机玻璃）	透明性极好，机械强度较高，有一定的耐热、耐寒和耐气候性，耐腐蚀。绝缘性良好，综合性能超过聚苯乙烯，但质脆，易溶于有机溶剂。如作透光材料，其表面硬度稍低，容易擦毛	适于制作绝缘零件及透明和强度一般的零件
苯乙烯-丙烯腈共聚物（AS）	冲击强度比乙烯高，耐热、耐油、耐蚀性好，弹性模量为现有热塑性塑料中较高的一种，并能很好地耐某些使聚苯乙烯应力开裂的烃类	广泛用来制作耐油、耐热、耐化学腐蚀的零件及电信仪表的结构零件
苯乙烯-丁二烯-丙烯腈共聚物（ABS）	综合必能较好，冲击韧度、机械强度较高，尺寸稳定，耐化学性、电性能良好；易于成形和机械加工，与372有机玻璃的熔接性良好，可作双色成形塑件，且表面可镀铬	适于制作一般机械零件、减摩耐磨零件、传动零件和电信结构零件
聚酰胺（尼龙）	坚韧，耐磨，耐疲劳，耐油，耐水，抗霉菌但吸水大 尼龙6弹性好，冲击强度高，吸水性较大 尼龙66强度高，耐磨性好 尼龙610与尼龙66相似，但吸水性和刚性都较小 尼龙1010半透明，吸水性较小，耐寒性较好	适于制作一般机械零件、减摩耐磨零件、传动零件，以及化工、电器仪表等零件

（续）

塑料名称	性　能	用　途
氟塑料	耐腐蚀、耐老化及电绝缘性优越，吸水性小 　聚四氟乙烯对所有化学蒸馏器都能耐蚀，摩擦系数在塑料中最低，不粘、不吸水，可在 −195 ~ +250℃下长期使用，但冷流性大，不能注射成形 　聚三氟乙烯耐蚀、耐热和电绝缘性略次于聚四氟乙烯，可在 −180 ~ +190℃下长期使用，可注射成形，在芳香烃和卤化烃中稍微溶胀 　聚全氟乙丙烯除使用温度外，几乎保留聚四氟乙烯所有的优点，且可挤压、模压及注射成形，自粘性好，可热焊	适于制作耐腐蚀件、减摩耐磨件、密封件、绝缘件和医疗器械零件
醋酸纤维素	强韧性很好，耐油耐烯酸，透明有光泽，尺寸稳定性好，易涂饰、染色、粘合、切削，在低温下抗冲击和抗拉强度下降	适于制作汽车、飞机、建筑用品，机械、工具用品，化妆品器具，照相、电影胶片
聚酰亚胺	综合性能优良，强度高，抗蠕变、耐热性好，可以 −200 ~ +260℃下长期使用，减摩耐磨、电绝缘性优良，耐辐射，耐电晕，耐烯酸，但不耐碱、强氧化剂和高压蒸汽 　均苯型聚酰亚胺成形困难 　醚酐型聚酰亚胺可挤压、模压、注射成形	适于制作减摩耐磨零件、传动零件、绝缘零件、耐热零件，用作主辐射材料、涂料和绝缘薄膜
聚甲醛	综合性能好，强度、刚性高，抗冲击、疲劳、蠕变性能较好，减摩耐磨性好，吸水小，尺寸稳定性好，但热稳定性差，易燃烧，长期在大气中曝晒会老化	适于制作减摩零件、传动零件、化工容器及仪器仪表外壳
聚碳酸酯	突出的冲击强度，较高的弹性模量和尺寸稳定性。无色透明，着色性好，耐热性比尼龙、聚甲醛高，抗蠕变和电绝缘性较好，耐蚀性、耐磨性良好。但自润性差，不耐碱、酮、胺、芳香烃，有应力开裂倾向；高温易水解，与其他树脂相溶性差	适于制作仪表小零件、绝缘透明件和耐冲击零件
氯化聚醚	突出的耐腐蚀性能（略次于氟塑料），摩擦系数低，吸水性很小，尺寸稳定性高，耐热性比硬聚氯乙烯好，搞氧化性比尼龙好，可焊接、喷涂，但低温性能差	适于制作腐蚀介质中的减摩耐磨零件、传动零件以及一般机械及精密机械零件
聚砜	耐热耐寒性、抗蠕变及尺寸稳定性优良，耐酸、耐碱、耐高温蒸汽 　聚砜硬度和冲击强度高，可在 −65 ~ +150℃下长期使用，在水、湿空气或高温下仍保持良好的绝缘性，但不耐芳香烃和卤化烃 　聚芳砜耐热和耐寒性好，可在 −240 ~ +260℃下使用，硬度高，耐辐射	适于制作耐热件、绝缘件、减摩耐磨件、传动件、仪器仪表零件、计算机零件及抗蠕变结构零件 　聚芳砜还可用于低温下工作零件
聚苯醚	综合性能良好，拉伸、刚性、冲击、抗蠕变及耐热性较高，可在 120℃蒸汽中使用。电绝缘性优越，受清晰度及频率变化的影响很小，吸水性小，但有应力开裂倾向。改性聚苯醚可消除应力开裂，成形加工性好，但耐热性略差	适于制作耐热件、绝缘件、减摩耐磨件、传动件、医疗器械零件和电子设备零件

表 5-43　常用热塑性塑料成形性能

塑料名称	成形性能
硬聚氯乙烯	1. 无定形料，吸湿性小，流动性差。为了提高流动性，防止发生气泡，塑料可预先干燥。模具浇注系统宜短，浇口截面宜大，不得有死角，模具须冷却，表面镀铬 2. 极易分解，特别在高温下与钢、铜接触更易分解（分解温度为200℃），分解时逸出腐蚀性、刺激性气体。成形温度范围小 3. 采用螺杆式注射机及直通式喷嘴时，孔径宜大，以防死角滞料，滞料时必须及时消除
低压聚乙烯	1. 结晶料，吸湿性小，流动性极好（溢边值为0.02mm左右）。流动性对压力敏感，故成形时宜选用高压注射。料温应均匀，填充速度应快，保压充分。不宜用直接浇口，以防收缩不匀，方向性明显，内应力增大。应注意选择浇口位置，防止产生缩孔和变形 2. 冷却速度慢，模具宜设冷料穴，并有冷却系统 3. 收缩范围和收缩值大，方向性明显，易变形翘曲。结晶温度及模具冷却条件对收缩率影响较大，故成形时应控制模温，保持冷却均匀、稳定 4. 加热塑件不宜过长，否则会发生分解、烧伤 5. 软质塑件有较浅的侧凹槽时，可强行脱模 6. 可能发生熔体破裂，不宜与有机溶剂接触，以防开裂
聚丙烯	1. 结晶料，吸湿性小，可能发生熔体破裂，长期与热金属接触易发生分解 2. 流动性极好，（溢边值为0.03mm左右），但成形收缩范围和收缩值大，易发生缩孔、凹痕、变形、方向性强 3. 冷却速度快，浇注系统及冷却系统缓慢散热，并注意控制成形温度。料温低，方向性明显，低温高压时尤其明显。模具温度低于50℃时，塑件光泽差，易产生熔接不良、流痕，90℃以上易发生翘曲变形 4. 塑件壁厚须均匀，避免缺口、尖角，以防应力集中
聚苯乙烯	1. 无定形料，吸湿性小，不易分解，但性脆易裂，热膨胀系数大，易产生内应力 2. 流动性较好（溢边值为0.03mm左右），可用蚴杆或柱塞式注射机成形。喷嘴用直通式或自锁式，但应防止飞边 3. 宜采用高料温、高模温、低注射压力，处长注射时间有利于降低内应力，防止缩孔、变形（尤其对厚壁塑件）。料温过高易出现"银丝"，料温过低或脱模剂过多则透明性差 4. 可采用各种形式的浇口，浇口与塑件应圆弧连接，防止去除浇口时损坏塑件。脱模斜度宜大，顶出均匀，以防脱模不良而发生开裂变形 5. 塑件壁厚均匀，最好不带嵌件（如有嵌件应预热）。各面应圆弧连接，不宜有缺口、尖角
苯乙烯-丙烯腈共聚物（AS）	1. 无定形料，热稳定性好，不易分解，但吸湿性大 2. 流动性比ABS好，不易出飞边，但易发生裂纹（尤其在浇口处），因此塑件不能有缺口、尖角，顶出须均匀，脱模斜度宜大
苯乙烯-丁二烯-丙烯腈共聚物（ABS）	1. 无定形料，流动性中等，比聚苯乙烯、AS差，但比聚碳酸酯、聚氯乙烯好，溢边值为0.04mm左右 2. 吸湿性强，必须充分干燥，表面要求光泽的塑件须经长时间的预热干燥 3. 成形时宜取高料温、高模温，但料温过高易分解（分解温度为250℃），对精度较高的塑件，模温宜取50~60℃；对光泽、耐热塑件，模温宜取60~80℃，注射压力高于聚苯乙烯。用柱塞式注射机成形时，料温为180~560℃，注射压力为（1000~1400）MPa，用螺杆式注射机成形时，料温为16~220℃，注射压力为（700~1000）MPa

（续）

塑料名称	成形性能
苯乙烯改性聚甲基丙烯酸甲酯（372 有机玻璃）	1. 无定形料，吸湿大，不易分解 2. 流动性中等，溢边值为 0.03mm 左右，易发生填充不良、缩孔、凹痕、熔接痕等 3. 适宜高压注射在不出现缺陷的条件下宜取高料温、高模温，以便增加流动性，降低内应力，改善透明性及强度 4. 模具浇注系统表面光洁，对料流的阻力应小，脱模斜度应大，顶出均匀，应考虑撑拨防止出现气泡，"银丝"、熔接痕等
聚酰胺（尼龙）	1. 结晶料，熔点较高，熔融温度范围较窄，熔融状态热稳定性差。料温超过 300℃、滞留时间超过 30min 时，即会分解 2. 较易吸湿，成形前采石工人预热干燥，并应防止再吸湿，含水量不得超过 0.3%，吸湿后流动性下降，易出现气泡、"银丝"等。高精度塑件应经调湿处理 3. 流动性好，易溢料，溢边值为 0.02mm 左右。用螺杆式注射机注射时，螺杆应带止回环，宜用自锁喷嘴，并加热 4. 成形收缩范围和收缩率大，方向性明显，易发生缩孔凹痕、变形等弊病，成形条件应稳定 5. 融料冷却速度对结晶塑件结构性能有明显影响，故成形时要严格控制模温，一般按塑件壁厚在 20~90℃ 范围内选取。料温不宜超过 300℃，受热时间不得超过 30min。料温高则收缩大，易出飞边。注射压力按注射类型、料温、塑件形状尺寸、模具浇注系统选定，注射压力高，易出飞边，收缩小，方向性强；强注射压力低，易发生凹痕、波纹。成形周期按塑件壁厚选定，厚则取长，薄则取短。为了减少收缩、凹痕、缩孔，宜取低模温、低料温。树脂粘度小时，注射及冷却时间应取长，注射压力应取高，并采用白油作脱模剂 6. 模具浇注系统的形式和尺寸与成形聚苯乙烯时相似，但增大流道和浇口截面尺寸可改善缩孔及凹痕现象
聚甲醛	1. 结晶料，熔融范围窄，熔融或凝固速度快，结晶度高，结晶速度快，料温稍低于熔融温度立即发生结晶，并使流动性下降。结晶时，体积变化大，成形收缩范围和收缩率大 2. 流动性中等，溢边值为 0.04mm 左右。流动性对清晰度不敏感，对注射压力敏感 3. 吸湿低，可不经干燥处理，但为防止树脂表面粘附水分，加工前常进行干燥 4. 摩擦系数低，弹性高，浅侧凹槽可强迫脱模，塑件表面可带有皱纹花样，但易产生表面缺陷，如毛斑、褶皱、熔接痕、缩孔、凹痕等 5. 热敏性强，极易分解，分解温度为 240℃，但在 200℃ 时滞留 30min 以上也会发生分解。分解时有刺激性和腐蚀气体产生，故成形时应选用大直径的直通式喷嘴和螺杆式注射机，选用较高的成形压力，较高的注射速度，较低的螺杆转速。料筒内的余料不能过多，一般为塑件重量的 5~10 倍。模具应加热（当塑件壁厚大于 4mm 时取 90~120℃，小于 4mm 时取 75~90℃），模具材料应选用耐磨、耐蚀钢
聚碳酸酯	1. 无定形料，热稳定性好，成形温度范围宽，330℃ 时才呈现严重分解，分解时产生无腐蚀性气体，但流动性差。溢边值为 0.06mm 左右，流动性对清晰度变化敏感，冷却速度快 2. 吸湿性小，但对水敏感，故加工前必须经干燥处理，否则会出现"银丝"、气泡和强度显著下降 3. 成形收缩率小，易发生熔融开裂，产生应力集中。故成形时应严格控制成形条件，成形后塑件宜退火处理 4. 熔融温度高，粘度高，对剪切作用不敏感。对 200 克的塑件，应采用螺杆式注射机，喷嘴应加热，宜用开敞式延伸喷嘴 5. 冷却速度快，模具浇注系统应以粗、短为原则，宜设冷料穴，如直接浇口、圆盘浇口或扇形浇口等，但应防止内应力增大，必要时可采用调整式浇口。模具宜加热，应选用耐磨钢 6. 料温对塑件质量影响较大，料温过低会造成缺料，表面无光泽，银丝紊乱；料温过高易溢边，出现银丝暗条，塑件变色起泡 7. 模温对塑件质量影响很大，模温低时收缩率、伸长率、抗冲击强度大，抗弯、抗压、抗张强度低。模温超过 120℃ 时，塑件冷却慢、易变形粘模，脱模困难，成形周期长

塑料名称	成 形 性 能
氯化聚醚	1．结晶料，内应力小，成形收缩小，尺寸稳定性好，宜成形复杂、高精度、多嵌件的塑件 2．吸湿性小，流动性中等，对温度变化敏感。当成形大分子量树脂的厚壁塑件时，应选用高料温和高压力，反之则选用低料温和低压力 3．成形时有微量氯化氢等腐蚀性气体，其熔体对金属粘附加强。模具应淬硬、表面镀铬、抛光。流道宜取短，浇口截面宜取大
聚砜	1．无定形料，易吸湿，含水量超过 0.125% 时即会出现"银丝"、云母斑、汽泡甚至开裂，故应充分干燥，并在使用时防止再吸湿 2．成形性能与聚碳酸酯相似，热稳定性比聚碳酸酯差，分解温度为 360℃ 左右，并可能发生熔体破裂，故成形设备宜取螺杆式注射机，喷嘴宜用直通式，成形前必须彻底清除对温度敏感的树脂 3．流动性差，对温度变化敏感，冷却速度快。要求高温、高压成形。压力过低易产生波纹、气泡、凹痕，过高则脱模困难。模具应具有足够的强度和刚度，流道应短，浇口宜取直接浇口、盘形浇口和扇形浇口，尺寸宜取塑件壁厚的 1/2~2/3。采用点浇口时，直径应取大，浇口位置宜设在塑件厚壁处，对薄壁长塑件宜采用多点浇口，模具宜设冷料穴
聚芳砜	1．流动性差，热变形温度高（174℃），可在 260℃ 以下脱模 2．水敏性强，易吸湿，成形前必须干燥 3．热稳定性好，不易分解。成形时料温和注射压力高，注射和保压时间应长，流道应短，浇口截面应大，模具必须加热，其滑动部分的配合间隙应适当，防止在高温下卡滞
聚苯醚	1．无定形料，吸湿性小，但宜干燥后成形 2．流动性差（介于 ABS 和聚碳酸酯之间），以温度变化敏感，凝固速度快，成形收缩小，易分解。成形时采用螺杆式注射机、直通式喷嘴，选用较高的注射压力和注射速度，但保压时间及冷却时间不宜太长。模温取 100~150℃ 为宜。模具主流道解锥度应大，流道应短，浇口应厚，宜采用直接浇口或扇形浇口
氟塑料（聚三氟氯乙烯、聚全氟乙丙烯、聚偏二氟乙烯）	1．结晶料，吸湿性小，聚全氟乙丙烯易发生熔体破裂 2．热敏性料，极易分解。分解时产生有毒和腐蚀气体，聚三氟氯乙烯的分解温度为 260℃，聚偏二氯乙烯为 340℃，故成形时必须严格控制成形温度 3．流动性差，熔融温度高，成形温度范围狭窄、需高温高压成形，宜用螺杆式注射机模具应有足够的强度和刚度，防止死角、滞料，浇注系统对料流阻力应小，模具应加热，并淬硬、镀铬
醋纤维素	1．无定形料，吸湿性大，须预热干燥 2．流动性稍差于聚苯乙烯，对温度变化敏感 3．极易分解，分解时对设备、模具有腐蚀性，故模具应镀铬，不得有死角、滞料，宜用螺杆式注射机、直通式喷嘴，以防滞料分解
玻璃纤维增强塑料	1．流动性差，熔融指数比普通料低 30%~70%，易发生填充不良、熔接不良、玻纤不均等弊病。成形时宜用高温、高压、高速，浇注系统截面应大，流程应平直而短，以得于纤维均匀分散，防止树脂纤维分头聚积、玻纤裸露及局部烧伤 2．成形收缩小，异向性明显，塑件易发生翘曲变形 3．不易脱模，对模具磨损大。注射时料流对浇注系统、型芯等都有较大磨损，故脱模斜度应取大。模具应淬硬、抛光、易磨损部位便于修换，并选用适当的脱模剂 4．成形时由于纤维表面处理剂易挥发成气体，模具应有排气槽和溢料槽，设在易发生熔接痕部位，以防熔接不良，缺料和烧伤等

表 5-44　常用热塑性塑料主要技术指标

塑料名称	单位	聚氯乙烯 硬	聚氯乙烯 软	聚乙烯 高密度	聚乙烯 低密度	聚丙烯 纯	聚丙烯 玻纤增强	聚苯乙烯 一般型	聚苯乙烯 抗冲击型	聚苯乙烯 20%~30%玻纤增强	苯乙烯共聚 AS(无填料)	苯乙烯共聚 ABS	苯乙烯共聚 20%~40%玻纤增强
密度	g/cm³	1.35~1.45	1.16~1.35	0.94~0.97	0.91~0.93	0.90~0.91	1.04~1.05	1.04~1.06	0.98~1.10	1.20~1.33	1.08~1.10	1.02~1.16	1.23~1.36
比体积	cm³/g	0.69~0.74	0.74~0.86	1.03~1.06	1.08~1.10	1.10~1.11		0.94~0.96	0.91~1.02	0.75~0.83		0.86~0.98	
吸水性(24h)	%	0.07~0.4	0.15~0.75	<0.01	<0.01	0.01~0.03	0.05	0.03~0.05	0.1~0.3	0.05~0.07	0.2~0.3	0.2~0.4	0.18~0.4
收缩率	%	0.6~1.0	1.5~2.5	1.5~3.0		1.0~3.0	0.4~0.8	0.5~0.6	0.3~0.6	0.3~0.5	0.2~0.7	0.4~0.7	0.1~0.2
熔点	℃	160~212	110~160	105~137	105~125	170~176	170~180	131~165				130~160	
热变形温度℃	4.6×10^5 Pa	67~82	54	60~82		102~115	127	65~96		82~112	88~104	90~108	104~121
热变形温度℃	18.5×10^5 Pa	54		48	48	56~67			64~92.5			83~103	99~116
抗拉屈服强度	10^5Pa	352~500	105~246	220~390	70~190	370	780~900	350~630	140~480	770~1060	633~844	500	598~1336
拉伸弹性模量	10^5Pa	$2.4\sim4.2\times10^4$		$0.84\sim0.95\times10^4$		$2.8\sim3.5\times10^4$			$1.4\sim3.1\times10^4$	3.23×10^4	$2.81\sim3.94\times10^4$	1.8×10^4	$4.1\sim7.2\times10^4$
弯曲强度	10^5Pa	≥900		208~400	250	675	1320	610~980	350~700	700~1190	985~1336	800	1125~1899
冲击韧度 N·dm/cm²	无缺口			不断	不断	78	51					261	
冲击韧度 N·dm/cm²	缺口	58		65.5	48	3.5~4.8	14.1	0.54~0.86	1.1~23.6	0.75~13		11	
硬度	HB	16.2 R110~120	部氏96(A)	2.07 部氏 D60~70	部氏 D41~46	8.65 R95~105	9.1	M65~80	M20~80	M65~90	洛氏 M80~90	9.7 R121	洛氏 M65~100
体积电阻系数	Ω·cm	6.71×10^{13}	6.71×10^{13}	$10^{15}\sim10^{16}$	$>10^{16}$	$>10^{16}$		$>10^{16}$	$>10^{16}$	$10^{13}\sim10^{17}$	$>10^{16}$	6.9×10^{16}	
击穿电压	kV/mm	26.5	26.5	17.7~19.7	18.1~27.5	30		19.7~27.5			15.7~19.7		

（续）

塑料名称	单位	苯乙烯改性聚甲基丙烯酸甲酯(372)	聚酰胺										聚甲醛
			尼龙1010	30%玻纤增强尼龙1010	尼龙6	30%玻纤增强尼龙6	尼龙66	30%玻纤增强尼龙66	尼龙610	40%玻纤增强尼龙610	尼龙9	尼龙11	
密度	g/cm^3	1.12~1.16	1.04	1.19~1.30	1.10~1.15	1.21~1.35	1.10	1.35	1.07~1.13	1.38	1.05	1.04	1.41
比体积	cm^3/g	0.86~0.89	0.96	0.77~0.84	0.87~0.91	0.74~0.83	0.91	0.74	0.88~0.93	0.72	0.95	0.96	0.71
吸水性(24h)	%	0.2	0.2~0.4	0.4~1.0	1.6~3.0	0.9~1.3	0.9~1.6	0.5~1.3	0.4~0.5	0.17~0.28	0.15	0.5	0.12~0.15
收缩率	%		1.3~2.3(纵向) 0.7~1.7(横向)	0.3~0.6	0.6~1.4	0.3~0.7	1.5~2.2	0.2~0.8	1.0~2.0	0.2~0.6	1.5~2.5	1.0~2.0	1.5~3.0
熔点	℃		205		210~225		250~265		215~225		210~215	186~190	180~200
热变形温度	℃ (4.6×10^5 Pa)		148		140~176	216~264	149~176	262~265	149~185	215~226		68~150	158~174
热变形温度	℃ (18.5×10^5 Pa)	85~90	55		80~120	204~259	82~121	245~262	57~100	200~225		47~55	110~157
抗拉屈服强度	10^5Pa	630	620	1740	700	1640	895	1465	755	2100	556	540	690
拉伸弹性模量	10^5Pa	3.5×10^4	1.8×10^4	8.7×10^4	2.6×10^4		$1.25\sim2.88\times10^4$	$6.02\sim12.6\times10^4$	2.3×10^4	11.4×10^4		1.4×10^4	2.5×10^4
弯曲强度	10^5Pa	1130~1300	880	2080	969	2270	1260	2150	1100	2810	908	1010	1040
冲击韧度 无缺口	$N\cdot dm/cm^2$		不断	84	不断	80	49	76	82.6	103	不断	56	202
冲击韧度 缺口	$N\cdot dm/cm^2$	0.71~1.1	25.3	18	11.8	15.5	6.5	17.5	15.2	38		15	15
硬度	HB	M70~85	9.75	13.6	11.6 M85~114	14.5	12.2 R100~118	15.6 M94	9.52 M90~113	14.9	8.31	7.5 R100	11.2 M78
体积电阻系数	$\Omega\cdot cm$	$>10^{14}$	1.5×10^{15}	6.7×10^{15}	1.7×10^{15}	4.77×10^{15}	4.2×10^{14}	5×10^{15}	3.7×10^{16}	$>10^{14}$	4.44×10^{15}	1.6×10^{15}	1.87×10^{14}
击穿电压	kV/mm	15.7~17.7	20	>20	>20	>15	>15	16.4~20.2	15~25	23	>15	>15	18.6

（续）

塑料名称	单位	聚碳酸酯		氯化聚醚	聚砜		聚芳砜	聚苯醚	氟塑料			醋酸纤维素	聚酰亚胺（包封级）
		纯	20%~30%短玻纤增强		纯	30%玻纤增强			聚四氟乙烯	聚三氟氯乙烯	聚偏二氟乙烯		
密度	g/cm^3	1.20	1.34~1.35	1.4~1.41	1.24	1.34~1.40	1.37	1.06~1.07	2.1~2.2	2.11~2.3	1.76	1.23~1.34	1.55
比体积	cm^3/g	0.83	0.74~0.75	0.71	0.80	0.71~0.75	0.73	0.93~0.94	0.45~0.48	0.43~0.47	0.57	0.75~0.81	
吸水性（24h）	%	0.15（23℃，50%RH）	0.09~0.15	<0.01	0.12~0.22	<0.1	1.8	0.06	0.005	0.005	0.04	1.9~6.5	0.11
收缩率	%	0.5~0.7	0.05~0.5	0.4~0.8	0.5~0.6	0.3~0.4	0.5~0.8	0.4~0.7	3.1~7.7	1~2.5	2.0	0.3~0.42	0.3
熔点	℃	225~250	235~245	178~182	250~280			300	327	260~280	204~285		
热变形温度	4.6×10^5 Pa ℃	132~141	146~149	141	182	191		180~204	121~126	130	150	49~76	288
热变形温度	18.5×10^5 Pa ℃	132~138	140~145	100	174	185		175~193	120	75	90	44~88	288
抗拉屈服强度	10^5 Pa	720	840	320	825	>1030	983	870	140~250	320~400	460~492	130~590（断裂）	183
拉伸弹性模量	10^5 Pa	2.3×10^4	6.5×10^4	1.1×10^4	2.5×10^4	3.0×10^4		2.5×10^4	0.4×10^4	$1.1\sim1.3\times10^4$	0.84×10^4	$0.46\sim2.8\times10^4$	
弯曲强度	10^5 Pa	1130	1340	490	1040	>1800	1540	1400	110~140	550~700		140~1100	703
冲击韧度 无缺口	$N\cdot dm/cm^2$	不断		不断	202	46	102	100	不断		160		
冲击韧度 缺口	$N\cdot dm/cm^2$	55.8~90	57.8	10.7	15	10.1	17	13.5	16.4	13~17	20.3	0.86~11.7	28.5
硬度	HB	11.4 M75	13.5	4.2 R100	12.7 M69、M120	14	14 R110	13.3 R118~123	R58 邵氏D50~65	9~13 邵氏74~78	邵氏D80	R35~125	邵氏D50
体积电阻系数	$\Omega\cdot cm$	3.06×10^{17}	10^{17}	1.56×10^{16}	9.46×10^{16}	$>10^{16}$	1.1×10^{17}	2.0×10^{17}	$>10^{18}$	$>10^{17}$	2×10^{14}	$10^{10}\sim10^{14}$	8×10^{14}
击穿电压	kV/mm	17~22	22	16.4~20.2	16.1	20	29.7	16~20.5	25~40	19.7	10.2	11.8~23.6	28.5

注：同一品种的塑料，因生产厂、生产日期和批量不同，技术指标会有差异，应以具体产品的检验说明书为准。

5.2.3 模塑成形工艺及设备

表 5-45 常用热固塑料模塑成形工艺参数

塑料型号	预热条件 温度/℃	预热条件 时间/min	成形温度/℃	成形压力 /（105 帕）	保持时间 /（min/mm 壁厚）	说　明
R128、R131 R133、R135 R138			160~175	>250	0.8~1.0	
D131、D133 D141、D144 D151	100~140	根据塑件大小和要求选定	155~165	>250	0.6~1.0	
D138	100~140		160~180	>250	0.6~1.0	
U1601	140~160	4~8	155~165	>250	1.0~1.5	
U2101、U8101 U2301	150~160	5~10	165~180	>300	2.0~2.5	
P2301、P3301 P2701、P7301	150~160	5~10	160~170	>400	2.0~2.5	
Y2301	120~160	5~30	160~180	>300	2.0~2.5	1. 有机硅塑料（42~50）成形后需高温热处理固化
A1501	140~160	4~8	150~160	>250	1.0~1.5	
S5802	100~130	4~6	145~160	>250	1.0~1.5	
H161	120~130	4~8	155~165	>250	1.0~1.5	2. 硅酮塑料（KH-612）的固化剂为碱式碳酸钙、苯甲酸，二次固化条件为 200℃，2 小时
E431			155~165	>250	1.0~1.5	
E631	130~150	6~8	155~165	250~350	1.0~1.5	
E731	120~150	4~10	150~155	>300	1.0~1.5	
J1503	125~135	4~8	165~175	>250	1.0~1.5	
J8603	135~145	5~10	160~175	>250	1.5~2.0	3. 挤塑成形塑压力：酚醛塑料取（500~800）×105Pa，纤维填料的塑料取（800~1200）×105Pa，环氧、硅酮等低压封装用塑料取（20~100）×105Pa，模具温度一般取（130~190）℃
M441、M4602 M5802	120~140	4~6	150~160	250~350	1.0~1.5	
T171、T661			155~165	250~350	1.0~1.5	
H161-Z			料筒前 80~95、料筒后 40~60、模具内 170~190	800~1600	0.3~0.5	
H161-Z			料筒前 80~95、料筒后 40~60、模具内 180~200	800~1600	0.5~0.7	
D151-Z			料筒前 80~95、料筒后 40~60、模具内 170~190		0.3~0.5	
MP-1	115~125	10~15	135~145	>400	2.0	
塑 33-3	100~120	6~10	160~175	>350	2.0~2.5	
塑 33-5	115~125	6~8	150~165	>350	2.0~2.5	
A₁（粉）			薄壁塑件 140~150	250~350	薄壁塑件 140~150	
A₁（粒）			一般塑件 135~145		一般塑件 135~145	
A₂			大型厚件 125~135		大型厚件 125~135	
KH-612	配制工艺 90~100	25~40	160~180	10~100	2.0~5.0	
D100 （长玻纤增强）			130~160	200~300	1.0~2.0	
D200 （短玻纤增强）			130~160	200~300	1.0~2.0	

表 5-46　常用热塑性塑料注射成形工艺参数

塑料名称		硬聚氯乙烯	低压聚乙烯	聚丙烯 纯	聚丙烯 20%~40%玻纤增强	ABS 通用级	ABS 20%~40%玻纤增强	聚苯乙烯 纯	聚苯乙烯 20%~30%玻纤增强	聚甲醛（共聚）	氯化聚醚
注射机类型		螺杆式	柱塞式	螺杆式		螺杆式		柱塞式		螺杆式	螺杆式
预热和干燥	温度/℃	70~90	70~80	80~100		80~85		60~75		80~100	100~105
	时间/h	4~6	1~2	1~2		2~3		2		3~5	1.0
料筒温度 /℃	后段	160~170	140~160	160~180	成形温度 230~290	150~170	成形温度 260~290	140~160	成形温度 260~280	160~170	170~180
	中段	165~180		180~200		165~180				170~180	185~200
	前段	170~190	170~200	200~220		180~200		170~190		180~190	210~240
喷嘴温度/℃						170~180		170~190		170~180	180~190
模具温度/℃		30~60	60~70（高密度） 35~55（低密度）	80~90		50~80	75	32~65		90~120	80~110
注射压力/（10^5Pa）		800~1300	600~1000	700~1000	700~1400	600~1000	1060~2810	600~1100	560~1600	800~1300	800~1200
成形时间/s	注射时间	15~60	15~60	20~60		20~90		15~45		20~90	15~60
	高压时间	0~5	0~3	0~3		0~5		0~3		0~5	0~5
	冷却时间	15~60	15~60	20~90		20~120		15~60		20~60	20~60
	总周期	40~130	40~130	50~160		50~220		40~120		50~160	40~130
螺杆转速/（r/min）		28	48	48		30	75	48		28	28
后处理	方法					红外线灯 烘箱		红外线灯 烘箱		红外线灯 鼓风烘箱	
	温度/℃					70		70		140~145	
	时间/h					2~4		2~4		4	
说明						AS 的成形条件与上相似		丁苯橡胶改性的聚苯乙烯的成形条件与上相似		均聚的成形条件与上相似	

（续）

塑料名称	聚碳酸酯 纯	聚碳酸酯 30%玻纤增强	聚砜	聚芳砜	聚苯醚	氟塑料 聚三氟氯乙烯	氟塑料 聚全氟乙丙烯	醋酸纤维素	聚酰亚胺	改性聚甲基丙烯酸甲酯（372）
注射机类型	螺杆式		螺杆式	螺杆式	螺杆式	螺杆式	螺杆式	柱塞式	螺杆式	柱塞式
预热和干燥 温度/℃	110~120		120~140	200	130			70~75	130	70~80
预热和干燥 时间/h	8~12		>4	6~8	4			4	4	
料筒温度℃ 后段	210~240	成形温度 210~300	250~270	310~370	230~240	200~210	165~190	150~170	240~270	160~180
料筒温度℃ 中段	230~280		280~300	345~385	250~280	285~290	270~290		260~290	
料筒温度℃ 前段	240~285		310~330	385~420	260~290	275~280	310~330	170~190	280~315	
喷嘴温度℃	240~250		290~310	380~410	250~280	265~270	300~310		390~400	210~240
模具温度℃	90~110*	90~110*	130~150*	230~260*	110~150*	110~130*	110~130*	20~80*	130~150*	40~60
注射压力/(10³Pa)	800~1300	800~1300	800~2000	1500~2000	800~2000	800~1300	800~1300	600~1300	800~2000	800~1300
成形时间/s 注射时间	20~90		30~90	15~20	30~90	20~60	20~60	15~45	30~60	20~60
成形时间/s 高压时间	0~5		0~5	0~5	0~5	0~3	0~3	0~3	0~5	0~5
成形时间/s 冷却时间	20~90		30~60	10~20	30~60	20~60	20~60	15~45	20~90	20~90
成形时间/s 总周期	40~190		65~160		70~160	50~130	50~130	40~100	60~160	50~150
螺杆转速/(r/min)	28		28		28	30	30		28	
后处理 方法	红外线灯、鼓风烘箱、甘油		红外线灯、鼓风烘箱、甘油		红外线灯、甘油				红外线灯、鼓风烘箱	红外线灯、鼓风烘箱
后处理 温度/℃	100~110		110~130		150				150	70
后处理 时间/h	8~12		4~8		1~4				4	4
说明						无增塑剂类				

（续）

塑料名称		聚　　酰　　胺								
		尼龙 1010	35%玻纤增强尼龙 1010	尼龙 6	30%玻纤增强尼龙 6	尼龙 66	20%~40%增强尼龙 66	尼龙 610	尼龙 9	尼龙 11
注射机类型		螺杆式		螺杆式	螺杆式	螺杆式		螺杆式	螺杆式	螺杆式
预热和干燥	温度/℃	100~110		100~110		100~110		100~110	100~110	100~140
	时间/h	12~16		12~16		12~16		12~16	12~16	12~16
料筒温度/℃	后段	190~210	成形温度 190~250	220~300	成形温度 227~316	245~350	成形温度 230~280	220~300	220~300	180~250
	中段	200~220								
	前段	210~230								
喷嘴温度/℃		200~210								
模具温度/℃		40~80			70		110~120*			
注射压力/（10⁵Pa）		400~1000	800~1000	700~1200	700~1760	700~1200	800~1300	700~1200	700~1200	700~1200
成形时间/s	注射时间	20~90								
	高压时间	0~5								
	冷却时间	20~120								
	总周期	45~220								
螺杆转速/（r/min）										
后处理	方法	油、水、盐水								
	温度/℃	90~100								
	时间/h	·4								
说明		1. 预热和干燥均采用鼓风烘箱 2. 凡潮湿环境使用的塑料，应进行调湿处理，在 100~120℃水中加热 2~18h								

注　* 模具宜加热。

表 5-47　常用液压机型号及主要技术规格

型　号	YX（D）-45	YA71-45	Y71-63	YB32-63	Y71-100	Y71-160	YA71-250	Y32-300
公称压力/（10^4N）	45	45	63	63	100	160	250	300
液体最大工作压力/（10^5Pa）	320	320	320	250	320	320	300	200
顶出力/（10^4N）		12	0.3（手动）	9.5	20	50	63	30
顶杆行程/mm	150	175	130	150	165（自动）280（手动）	250	300	250
滑块至工作台最大距离/mm	330	750	600	600	650	900	1200	1240
滑块至工作台最小距离/mm	80	500	300	200	270	400	600	440

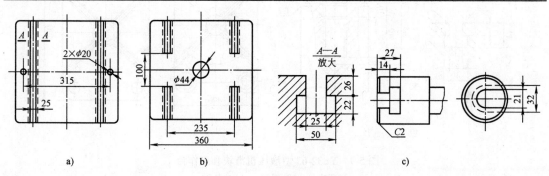

图 5-5　YX（D）-45 型液压机滑块和工作台

a）滑块　b）工作台　c）顶出杆

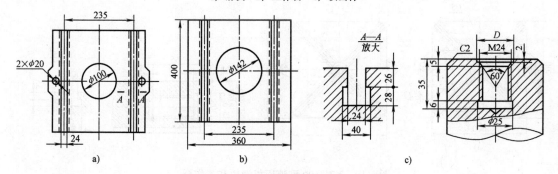

图 5-6　YA71-45 型液压机滑块和工作台

a）滑块　b）工作台　c）顶出杆

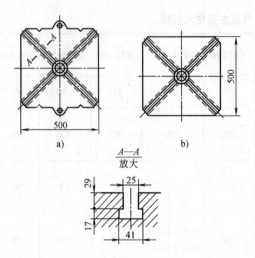

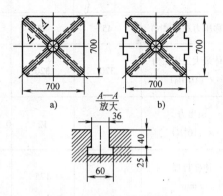

图 5-7　Y71-63 型液压机滑块和工作台
a) 滑块　b) 工作台

图 5-8　Y71-160 型液压机滑块和工作台
a) 滑块　b) 工作台

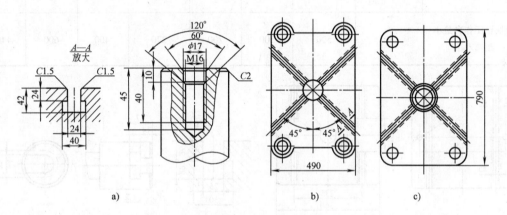

图 5-9　YB32-63 型液压机滑块和工作台
a) 顶出杆　b) 滑块　c) 工作台

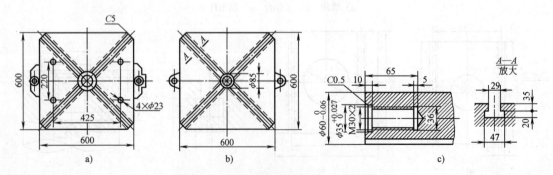

图 5-10　Y71-100 型液压机滑块和工作台
a) 滑块　b) 工作台　c) 顶出杆

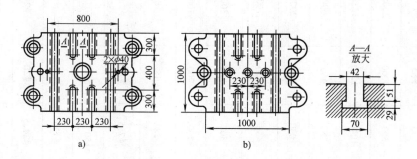

图 5-11　YA71-250 型液压机滑块和工作台

a）滑块　b）工作台

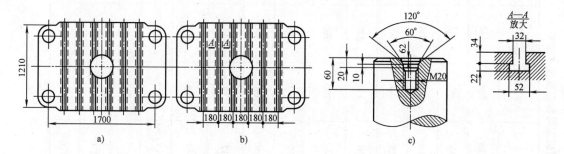

图 5-12　Y32-300 型液压机滑块和工作台

a）滑块　b）工作台　c）顶出杆

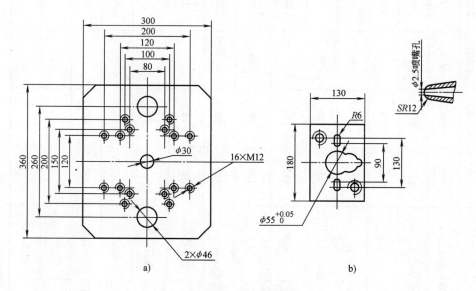

图 5-13　SYS-10 型注射机模板尺寸

a）动模板　b）定模板

表 5-48 热塑性塑料注射机型号和主要技术规格

型号		SYS-10(立式)	SYS-30(立式)	YS-ZY-45(直角式)	C4730-1(直角式)	XZ-Z-30	XS-Z-60	XS-ZY-125	XS-ZY-250	XS-ZY-500	XS-ZY-1000	XS-ZY-1000A
螺杆(柱塞)直径/mm		φ22	φ28	φ28	φ25	φ28	φ38	φ42	φ50	φ65	φ85	φ100
注射容量/cm³ 或 g		10*	30*	45*	30*	30	60	125	250	500	1000	2000
注射压力/(10⁵Pa)		1500	1570	1250	1700	1190	1220	1190	1300	1040	1210	1210
锁模力/(10⁴N)		15	50	40	38	25	50	90	180	350	450	600
最大注射面积/cm²		45	130	95		90	130	320	500	1000	1800	2000
模具厚度/mm	最大	180	200		325	180	200	300	350	450	700	700
	最小	100	70	70	165	60	70	200	250	300	300	300
模板行程/mm		120	80		225	160	180	300	350	700	700	700
喷嘴	球半径/mm	12	12		15	12	12	12	18	18	18	18
	孔直径/mm	φ2.5	φ3			φ4	φ4	φ4	φ4	φ7.5	φ7.5	φ7.5
定位孔直径/mm		$\phi55^{+0.06}_{0}$	$\phi55^{+0.10}_{0}$			$\phi63.5^{+0.064}_{0}$	$\phi55^{+0.06}_{0}$	$\phi100^{+0.054}_{0}$	$\phi125^{+0.06}_{0}$	$\phi150^{+0.06}_{0}$	$\phi150^{+0.06}_{0}$	$\phi150^{+0.006}_{0}$
顶出	中心孔径/mm	φ30	φ50		φ30		φ50			φ150		
	两侧 孔径/mm					φ20		φ22	φ40	φ24.5	φ20	φ20
	两侧 孔距/mm					170		230	280	530	850	850

注 * 注射容量为 g。

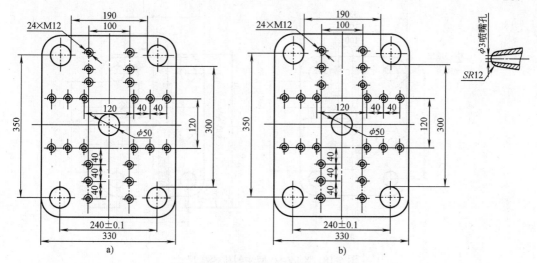

图 5-14　SYS-30 型注射机模板尺寸
a）动模板　b）定模板

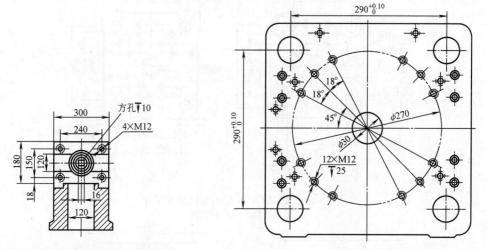

图 5-15　YS-ZY-45 型注射机模板尺寸　　　　　　图 5-16　C4730-1 型注射机模板尺寸

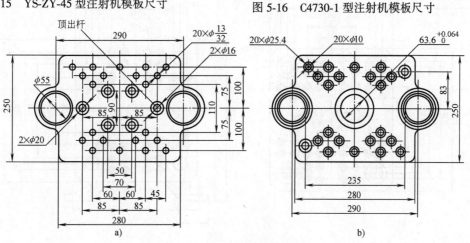

图 5-17　XS-Z-30 型注射机模板尺寸
a）动模板　b）定模板

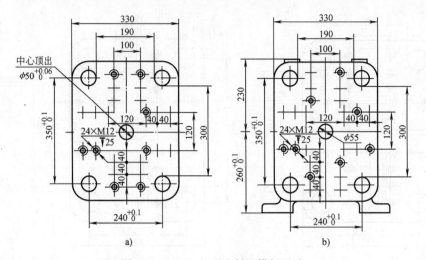

图 5-18　XS-Z-60 型注射机模板尺寸
a）动模板　b）定模板

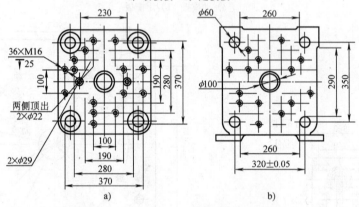

图 5-19　XS-ZY-125 型注射机模板尺寸
a）动模板　b）定模板

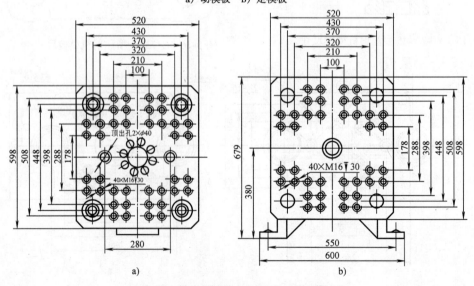

图 5-20　XS-ZY-250 型注射机模板尺寸
a）动模板　b）定模板

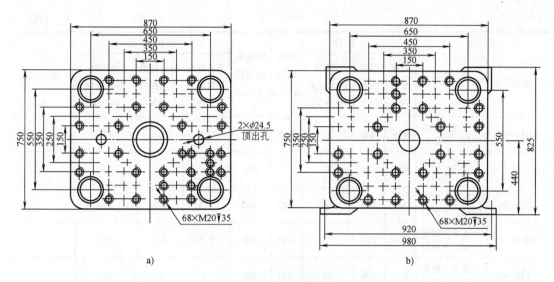

图 5-21　XS-ZY-500 型注射机模板尺寸

a）动模板　b）定模板

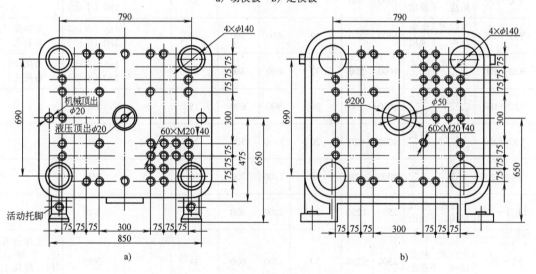

图 5-22　XS-ZY-1000 型注射机模板尺寸

a）动模板　b）定模板

表 5-49　液压机技术规范

常用液压机型号	特　征	液 压 部 分			封闭高度 H/mm	滑块最大行程 S/mm	顶 出 部 分			附　注
		公称压力 /kN	回程压力 /kN	工作液最大压力 p/MPa			顶出杆最大顶出力 /kN	顶出杆最大回程力 /kN	顶出杆最大行程 S_1/mm	
45～58	上压式、框架结构、下顶出	450	68	32	650	250			150	
YA71—45	上压式、框架结构、下顶出	450	60	32	750	250	12	3.5	175	

(续)

常用液压机型号	特　征	液 压 部 分			封闭高度 H/mm	滑块最大行程 S/mm	顶 出 部 分			附　　注
		公称压力 /kN	回程压力 /kN	工作液最大压力 p/MPa			顶出杆最大顶出力 /kN	顶出杆最大回程力 /kN	顶出杆最大行程 S_1/mm	
SY71—45	上压式、框架结构、下顶出	450	60	32	750	250	12	3.5	175	
YS（D）—45	上压式、框架结构、下顶出	450	70	32		250			150	
Y32—50	上压式、框架结构、下顶出	500	105	20	600	400	7.5	3.75	150	
YB32—63	上压式、框架结构、下顶出	630	133	25	600	400	9.5	4.7	150	
BY32—63	上压式、框架结构、下顶出	630	190	25	600	400	18	10	150	
YX—100	上压式、框架结构、下顶出	1000	500	32	650	380	20		165（自动）280（手动）	
Y71—100	上压式、框架结构、下顶出	1000	200	32	650	380	20		165（自动）280（手动）	滑块没有死孔
ICH—100	上压式、柱式结构、下顶出	1000	500	32	650	380	20		165（自动）250（手动）	滑块没有死孔
Y32—100	上压式、柱式结构、下顶出	1000	230	20	900	600	15	8	180	
Y32—200	上压式、柱式结构、下顶出	2000	620	20	1100	700	30	8.2	250	
YB32—200	上压式、柱式结构、下顶出	2000	620	20	1100	700	30	15	250	
YB71—250	上压式、柱式结构、下顶出	2500	1250	30	1200	600	34		300	
SY—250	上压式、柱式结构、下顶出	2500	1250	30	1200	600	34		300	工作台有三个顶出杆,滑块上有两个孔
ICH—250	上压式、柱式结构、下顶出	2500	1250	30	1200	600	63		300	工作台有三个顶出杆,滑块上有两个孔
Y32—300 YB32—300	上压式、柱式结构、下顶出	3000	400	20	1240	800	30	8.2	250	
Y31—63		630	300	32		300	0.3	（手动）		180
Y71—63		630	300	32	600	300	0.3（手动）		130	
Y32—100A		1000	160	21	850	600	16.5	7	210	
Y33—800		3000		24	1000	600				

5.3 模具类文献信息检索导航

表 5-50 常用类型文献信息检索导航

专业范围	综合型学科工具书	专业手册	大型网络数据库	专业网络站点	参考工具书
模具设计	(1)《全国报刊索引》(科技版) 收录了国内公开发行的科技期刊3000多种,全书以题录形式报道,其中有TB(一般工业技术);TD(矿业工程);TF(冶金工程);TG(金属工艺);TH(机械、仪表工业);TK(动力工程);TS(轻工业、手工业)类目,涉及模具设计与制造专业相关内容 (2)《中国机械工程文摘》收录了国内开发行的机械工程、电子电工及自动化领域的期刊杂志以及这些领域发表的专业会发表的论文。是查找机电产品基础理论、制造工艺、设计、材料、测试技术、自动化等方面内容的专用工具书。 (3)《机械制造文摘:机床与工具》 (4)《机械制造文摘:零件与传动》	(1)《粉末冶金模具设计手册》作者:《粉末冶金模具设计手册》编写组 (2)《塑料模具设计手册》作者:《塑料模具设计手册》编写组 (3)《压铸模具设计手册》作者:《压铸模具设计手册》编写组 (4)《冲模设计手册》 (5)《锻模设计手册》作者:《锻模设计手册》编写组 (6)《实用冲压模具设计手册》作者:郑可镋 (7)《实用塑料模具设计手册》作者:姜永生 (8)《橡胶成形模具设计手册——注射模,压缩模和压铸模》作者:丁闻	(1)《中文科技期刊全文数据库》,由重庆维普公司开发,内容涵盖了1989年以来的国内公开发行的期刊杂志8000余种,其中包括国内公开发行各种模具期刊若干种。提供了关键词,刊名,作者,机构,尔逻辑检索等8种检索入口,支持布高级检索,检索结果可为题录、文摘及全文形式。是目前国内文献信息检索最常利用的工具 (2)超星数字图书馆,电子、计算机,涵盖50多类目,共包含电子图书30多万册 (3)《中国机械工程文摘数据库》,收录了全国机械、仪表行业各类期刊约750种以上的行业文献,各种专题数据库,会议论文、专利。属文摘数据库,半年更新一次 (4)《金属材料专业期刊文献库》,收录文献数据14163条,由中国兵器工业第52研究所提供 (5)《中国技术文摘数据库》,收录了一些科研开发机构80年代以来持续开发的专用领域文献数据,近6000种以科技期刊为主的文献。共计记录数为3018857条	(1)http://www.machineinfo.com (中国机械信息网) (2)http://www.cimtshow.com (中国国际机床展览会产品数据库) (3)http://www.mei.net.cn (大行业产品数据库),涵盖了农业机械、工程机械、仪器仪表、石化通用、重型矿山、机床工具、电工电器、机械基础件、食品包装、汽车工业、其他民用等领域产品信息 (4)http://www.plasticmould.net/index.htm (中国塑料模具网),专业模具行业信息网站,提供产品供求信息,企业名录,塑模搜索,展会信息等 (5)http://www.mould.net.cn (中国塑料模具网) (6)http://www.plasticmachine.com (中国模具网)提供模具行业企业信息,产品信息,专业,模具设计等资料 (7)http://china.machine365.com (中华机械网)机械行业专业网站,内容涵盖机械行业企业信息、产品信息、专业技术等 (8)机械工业常用材料性能数据库,主要收录了机械工业中常见、常用的材料数据,包括材料的性能、使用、供求等。该数据库可下载使用 (9)http://www.pm-info.com.news/news.asp (轻工模具网),中国最大的模具专业网站,内容包含模具新闻、专业信息,模具工艺、行业标准、市场动态等	(1)《塑料模具设计》作者:申树义,高济 (2)《冲压模具设计》作者:万战胜,顾圣岩,庞健 (3)《精密注塑模具设计》作者:吴永生 (4)《大型注塑模具设计》作者:吴永生等 (5)《冲压工艺与模具设计》作者:成虹 (6)《模具设计与制造》作者:党根茂,骆志斌等 (7)《塑料挤出成形模具设计》作者:马金骏 (8)《注射模具设计和应用》作者:[日]叶昷臣主编 町田勉,富樫公夫合著 许鹤峰 叶淑静译 (9)《橡胶密封制品模具设计》作者:黄孝信 (10)《橡胶模具优化设计技术》作者:许鹤峰编助工程技术国家工程研究中心 申长雨主编 (11)《塑料模具设计制图实务》作者:张文华 (12)《注塑模具设计要点与制造图例》作者:许鹤峰 陈言秋 (13)《现代模具设计与制造理论与技术》作者:周雄辉,彭颖红等 (14)《塑料制品与模具设计图案》作者:刘际泽

专业范围	综合型学科工具书	专业手册	大型网络数据库	专业网络站点	参考工具书
模具设计	(5)《机械制造文摘》 (6)《动力机械文摘》 (7)《工程机械文摘》 (8)《机械工程自动化与计算机应用文摘》,图书与期刊类型以期刊为主,还有少量其他连续出版物、图书、会议文献等 (9)《工程索引》(The Engineering Index,简称《EI》),内容涉及各个学科及工程技术相邻学科,文献类型以期刊为主,还有少量其他连续出版物、图书、会议文献等 (10)《科学引文索引》(Science Citation Index,简称《SCI》),以报道期刊文献为主,内容涵盖了自然科学领域方方面面	(9)《最新塑料模具手册——注射成形模具设计、加工、处理、应用实例》作者:[日]村上宗雄等,王旭、黄伟民译 (10)《模具设计与制造简明手册》作者:冯炳尧、韩泰荣、殷振海等 (11)《塑料注射模具设计实用手册》作者:宋玉恒 (12)《橡皮模具实用手册》作者:虞海荣、张国钧主审 (13)《刀量模具设计简明手册》作者:叶伟昌主编 (14)《模具设计与制造简明手册》韩泰荣、蒋文森主编 (15)《模具设计手册》作者:冲模设计手册编写组编著 (16)《冲压手册》作者:王孝培主编 (17)《模具手册》应用手册作者:许发越主编	(6)《全国科技成果交易信息数据库》是全国第一个大型实用的事实型数据库,主要收集全国各地设计、研究单位、工矿企业、事业单位研制的实用科技成果。其内容包括项目名称、研制单位、研制人、通信方式、鉴定时间及应用范围、技术指标、转让条件等18项数据。总记录数约为121583 (7)《中国科学技术成果数据库》收集各省市、部委科技管理部门鉴定后报国家科委的科技成果,以及星火计划成果。内容包括项目名称、研制单位、研制人、通讯方式、技术简介、技术转让条件等,每年3次更新一次,容量240118条。 (8)《中国科技信息机构数据库》收录了我国2000多家科技信息机构和高校图书情报单位的详尽信息,是科技信息界相互交流、促进合作的重要工具,共有2239条记录 (9)《中国机械设计大典数据库》由基础标准、零部件设计、机械传动设计等三个数据库和机械设计典例等构成。数据库部分主要由技术制图、极限与配合、形位公差、表面结构、螺纹、设计要素、轴毂连接、紧固件、滑动轴承、滚动轴承、带传动、齿轮传动、链传动、弹簧等近年来最新的国际标准、国家标准、行业标准、技术规范和最新产品数据构成	(10) http://www.moldinfo.net(模具信息网)涵盖企业名录、行业动态、模具技术、供求信息、模具论坛等。其分类索引包含:塑料模具、其他模具、冲压模具、压铸模具、特种模具、备件耗材、刀具工设备、机加工设备、模具配件、CAD/CAM软件、电加工设备、模具材料、模具配件、专业加工、成型机械、模制产品、行业协会、媒体展会、科研培训、测绘设计、其他相关等 (11) http://www.china machine.com.cn/default.asp(中国机械网) (12) http://www.cdmia.com.cn/content1.htm(模具业标准),收录了模具行业涉及的相关标准文献信息 (13) http://nmcad.sjtu.edu.cn(国家模具CAD工程研究中心),合作领域包括:在模具CAD/CAM方面进行合作研究、开发和成果转让;在温、冷、挤压等塑性加工方法领域进行合作开发和成果转让;模具特种加工技术、接受国内外来料加工;同国内外企业、科研单位进行合作研究或合资经营 (14) http://mouldsky.363.net(塑料模sky天地),模具类专业技术网站,为模具从业人员提供一个自由交流的空间及时传递模具行业技术信息,招聘信息等 (15) http://mold.uhome.net(中国模具工业网),模具信息交流的专门网站,内容有模具技术文章发表、常见问题解决互动、模具相关资料、物品供应、BBS、模具公司连接、模具软件、网站推荐、软件下载等	(15)《模具设计与制造实训指导》作者:张铮主编 (16)《压铸模设计及CAD》作者:于彦东 (17)《铝型材挤压模具设计、制造、使用及维修》作者:刘静安 (18)《现代模具技术注塑成形原理与注塑模设计》作者:《现代模具技术》编委会 (19)《锌基合金模具的设计制造及应用》作者:曾健华 (20)《塑料模设计及制造》作者:李学锋 (21)《冲模设计应用实例》作者:模具实用技术丛书编委会 (22)《冲压模具设计与制造》作者:刘建超 张宝忠主编

（续）

专业范围	综合型学科工具书	专业手册	大型网络数据库	专业网络站点	参考工具书
模具制造		(18)《最新塑料模具手册——注射成形模具设计、加工、处理、应用实例》作者：[日]村上宗雄等编 王旭黄伟民译 主编 (19)《冲模图册》作者：李天佑主编	(10)《中国模具设计大典数据库》由模具材料工程数据库、模具设计基础标准数据库、塑料模具设计数据库、冲模设计数据库、锻模设计数据库、铸造工艺装备与压铸模设计数据库等内容构成。模具材料工程数据库主要汇总了中国、国际标准化组织、日本、韩国、美国、德国、英国、法国、俄罗斯、瑞典、意大利等国家（或组织）常用冷作模具钢、热作模具钢、塑料模具钢的钢号、特定与应用、化学成分、物理性能、热加工与热处理规范、力学性能、工艺性能、选择实例、采购渠道等数据；模具设计基础数据库主要包括技术制图、极限与配合、形位公差、表面粗糙度等最新标准内容；塑料模、冲模、锻模、铸造工艺装备与压铸模设计数据库等各类模具标准数据架、模具标准件汇总技术条件的相关数据利图表。 (11)《制造业资源数据库》包括机床资源数据库、刀具资源数据库、夹具资源数据库、量具资源数据库、模具资源数据库、加工工艺顺序策略、加工工步顺序策略、模具标准件数据库、工步资源数据库、冲压设计知识库、特征数据库、数控型面加工方法创成知识库、加工能力决策知识库、标准模具部件数据库、数控机床标准件数据库、夹具标准件数据库、切削用量数据库、焊接数据库等	(16) http://www.c-mold.com.cn/yianfa.htm（亿模在线）。注塑模软件的发展可划分为三个阶段，第一阶段是开发独立运行的注塑过程模拟软件，第二阶段是二维模具设计软件与模拟软件的集成，第三阶段是三维模具设计和制造软件一体化。该站点主要介绍几个发展阶段的工作内容、特点及发展趋向 (17) http://www.cadstudy.net/show.asp（CADstudy 资讯网），是全国系统学习计算机辅助设计的专用网站。提供软件应用、下载、技术交流、学术论文等 (18) http://www.nb360.com/company/project.asp（南北人才网）提供模具行业各种解决方案 (19) http://www.csymap.com/jijie/incex24.html（商业地图）的网址及友情链接 (20) http://www.asia-hardware.com（五洲五金资源）内容涵盖模具材料、类生产厂家精选、工业用品企业大全汇集、亚洲五金资源工业用品企业大全、大中华区的弹簧、减速机、螺纹与紧固件、轴承、模具材料、模具材料等六大门类产品的主要生产厂家 (21) http://www.hymouldinfo.com（台湾模具信息网）：提供模具设计台湾名站 (22) http://dir.online.sh.cn（上海热线）提供各模具站点地址大全	(23)《模具制造工艺》作者：华南工学院 黄毅宏 (24)《塑料模具制造工艺》作者：魏万壁 (25)《冲压工艺与模具设计》作者：马正元 韩启 (26)《模具制造工艺与设备》作者：孙凤勤 (27)《塑料成形工艺及模具设计》作者：陈嘉真 (28)《冲压模具设计与制造》作者：刘建超等 (29)《塑料成形工艺与模具设计》作者：屈华昌 (30)《回转塑性成形工艺及模具》作者：张猛 胡亚民 (31)《模具热处理工艺选择及缺陷防止》作者：山东省机械工业厅科学技术情报站 (32)《树脂基复合材料：材料选择、模具制作、工艺设计》作者：王顺亭 杨学忠等

（续）

专业范围	综合型学科工具书	专业手册	大型网络数据库	专业网络站点	参考工具书
模具制造		(20)《模具制造手册——模具制造手册之六》作者:《模具制造手册》编写组 (21)《模具设计与制造简明手册》作者:冯炳尧 韩泰荣 殷振海等 (22)《模具设计与制造简明手册》(第二版)作者:韩泰荣 蒋文森等编	(12)《锻压数据库》(FS—Base):锻压数据库系统是目前锻压行业中涵盖面广,收录数据最多的工程数据库,主要包含锻件设计、工艺设计和模具设计工程中必需的设计参数、设计准则和参照标准、锻压设备、锻压生产过程中质量管理、锻压生产的准备和实施等基础信息	(23) http://www.china-mold.net (中国模塑网):提供模具信息、设备信息、原料信息、制品信息、软件信息,其他信息,模塑引擎、模塑精品等内容 (24) http://www.ctiin.com.cn (中国技术创新信息网) (25) http://www.ecuttech.com (切削技术网站) (26) http://www.cmtba.org.cn (中国机床工具工业协会) (27) http://www.icad.com.cn (CAD/CAM与制造业信息化) (28) http://www.cmes.org (中国机械工学会) (29) http://www.cncol.com (中国数控在线) (30) http://www.e-works.net.cn (中国制造业信息化门户) (31) http://www.chinaforge.org.cn (中国锻压网) (32) http://www.mei.gov.cn (机经网,中国机械工业联合会主网站)	(33)《模具制造》作者:株洲航空工业专科学校 (34)《模具制造学》作者:孔德音 (35)《模具制造技术》作者:张铮主编 (36)《现代模具技术 汽车覆盖件模具设计与制造》编者:中国模具工业协会 (37)《数字化模具制造技术》作者:许鹤峰 同光荣 (38)《工模具制造工艺学》作者:丁振明 姚乒彬 (39)《塑料成形模具制造技术》作者:任鸿烈 冯良为 (40)《冲压模具设计与制造技术》作者:陈炎嗣 郭景仪 (41)《计算机辅助设计和辅助制造模具译文集》作者:第一机械工业部桂林机器科学研究所模具研究室 (42)《现代模具设计制造理论与技术》作者:周雄辉 彭颖红等 (43)《模具制造工艺与装备》作者:模具设计与制造丛书编委会 (44)《冲模架》作者:国家技术监督局主编

表 5-51 特种类型文献信息检索导航

专业范围	专利文献	标准文献	科技报告	学位论文	其他
模具设计与制造	国内:(1) http://www.sipo.gov.cn (中国国家知识产权局政府网站), 知识产权综合性服务网站, 集各种专利服务于一体, 内容涵盖1985年以来中国专利, 可免费获取全文 (2) http://www.cnipr.com (中国知识产权网), 收录1985年以来的中国专利, 可免费检索文摘信息 (3) http://www.patent.com.cn (中国专利信息网) 可免费检索近期的相关专科、标准, 摘要甚至包括简单检索、专利号首页。检索方式包括简单检索、布尔检索、高级检索等 (4) http://www.Beic.gov.cn (中国专利文献数据库), 由北京市经济中心和北京市专利局共同开发的网上免费查询系统。收录了中国专利1985年9月10日到2001年9月底公布的所有发明专利和实用新型专利的题录文摘、权利要求等信息, 总数约计47万件 (5) http://home.exin.net/patent (易信中心专利文摘数据库), 收录中国专利局自1985年以来公布的所有发明专利和实用新型专利, 内容有题录、文摘、权利要求等。还提供实效专利数据库 (6) http://www.lst.com.cn (发明与专利网), 该站点与《发明与专利》杂志社结合成伙伴, 提供专利检索、好书及相关网站推荐、网上求助等服务	国内:(1) "万方数据资源系统" 提供中国国家标准、行业标准、中国建材标准、中国建设标准、中国台湾标准等 (2) http://www.cssn.net.cn (中国标准服务网), 1998年6月开通, 是世界标准服务网在中国的网站。国内包括国家标准、行业标准、建设标准、地方标准等, 国外包括国际标准化组织标准(ISO)、德国国标(DIN)、法国国标(NF)、日本工业标准(JIS)、美国各种专业标准(AMSE、ASTM、IEEE、UL)等 (3) http://zgbzw.com (中国标准网), 提供标准在线查询, 教授标准基础知识, 并分月列出作废标准通知 (4) http://www.chinas-tandard.com.cn (中国标准咨询网), 2001年4月1日开通, 国内包括国家标准库、行业标准库、军用标准库、地方标准库等, 国外包括国际标准化组织标准(ISO)、法国国标(NF)、日本工业标准(JIS)、美国各种专业标准(ASME、ASTM、IEEE、UL)等	国内:(1) "万方数据资源系统" 提供科技会议、科技报告、科技期刊、产品样本、经营信息资料、科技部统计资料、检索与参考工具书等, 接受国内科技文献代查、各种课题及专题资料代查以及剪报等专题服务 (2) 《机械制造自动化》数据库, 收集有机械学、机械制造、液体传动及控制、机电控制及工程图学和工业工程等六个学科方向的有关文献信息。该数据库由三个专题数据库组成, 即机械制造自动化文献数据库、机械制造及自动化产品数据库、机械制造及自动化数据库	国内:(1) http://isc.chinainfo.gov.cn (中国科技信息研究所的学位论文库), 国务院学位委员会、国家技术部和国家教委批准的中国学位论文的法定收藏单位。目前国内学位论文收藏量近28万篇, 出国留学生毕业取得硕士、博士学位的学位论文 (2) http://www.calis.edu.cn (高校学位论文数据库), 该库是中国高等教育文献保障系统(CALIS)的一个部分, 收录了全国各重点高校的最近几年的博士、硕士学位论文摘 (3) "万方数据学位论文系统" 的学位论文库, 由中国科技信息研究所提供, 汇集各高等院校、研究生院及研究所自然科学领域、硕士、博士论文, 共计278014条	(1) 《全国科技成果交易信息数据库》是全国第一个大型的实用的事实型数据库, 主要收集全国各企业、事业单位研制的实用科技成果。其内容包括项目名称、研制单位、研制人、通信方式、技术应用范围、转让条件等18项数据, 总记录数为121583 (2) 《中国科学技术成果数据库》收集各省市, 部委科技管理部门鉴定后报国家科委的科技成果。研制内容包括项目名称、研制单位、研制人、通信方式、鉴定时间及主持单位、技术简介、技术水平、技术转让条件等每年3月更新一次, 容量240118条 (3) 《中国科技信息机构数据库》收录了我国2000多家科技信息机构和高校图书馆情报单位的详尽信息, 是科技信息界相互交流、促进合作的重要工具, 共有2239条记录

（续）

专业范围	专利文献	标准文献	科技报告	学位论文	其他
模具设计与制造	(7) http://www.chki.net（CNKI 中国专利数据库），收录 1985 年以来的中国专利局公布的专利信息 (8) http://scitechinfo.wanfangdate.com.cn（万方数据库中的成果专利库），该成果专利库共有 9 个数据库，60 多万条记录。内容为国内的科技成果、专利技术以及国家级科技项目 国外：(1) http://ep.espacenet.com（欧洲专利局专利信息网），基于 Web 的网上免费专利信息数据库检索系统，可提供对世界上 50 多个国家专利信息的网上免费资源 (2) http://www.uspto.gov（美国专利数据库），收录 1790 年至今的美国专利，数据库每周更新一次，可免费获取美国专利全文 (3) http://www.uspro.gov（美国专利书目数据库）由美国专利局（USPTO Patent Gazette）免费提供服务，收录了 1996 年以来的所有专利数据，每条数据包括专利分类号、国际专利分类号、参考专利，申请日、申请号，美国专利分类号、申请日、审查员等信息，每周更新一次，包括所有最新的美国专利	(5) http://www.std.cet-in.net.cn（中国工程技术标准信息网），工程技术信息标准化节点。提供标准信息新闻，标准信息检索、标准化机构，标准信息广场、电子出版物，标准站点导航，突出了标准信息资源建设，汇集了各行业各类别国内外标准几十万项 (6) http://www.jb.ac.cn（机械工业标准服务网），提供机械工业领域标准信息检索 国外：(1) "万方数据资源系统"，提供国际标准库、国际电工标准、欧洲标准、美国国家标准、德国国家标准、日本国家标准、法国国家标准、美国工业标准、美国材料试验协会标准、美国专业协会标准等 (2) http://www.iso.ch（ISO 国际标准化组织），提供 ISO 标准的检索与相关服务 (3) http://web.ansi.org（ANSI 美国国家标准学会），美国国家标准化中心，提供国内外标准化情报及美国国家标准的检索	国外：(1) http://www.dtic.mil/stinet（美国国防技术文献中心）可查 1974 年以来的科技文献及部分参考文献的全文，用户在线登记可免费订阅公开性的报告，订阅保护性的报告则需具备一定资格	(1) http://www.lib.global.umi.con/dissertations（人文社会科学版和自然科学版）（roQuest Digital Dissertation 学位论文数据库），PQDD 收录了欧美 1000 余所大学文、理、工、农、医等领域的 160 万篇博士、硕士论文的摘要及索引。它是学术研究中十分重要的参考信息源，每年约增加 4.7 万篇博士论文和 1.2 万篇硕士论文的摘要。并可看到 1997 年以来该库中检索到的论文摘要的前 24 页。在该库中检索到的论文摘要 95%以上可以拿到原文	

（续）

专业范围	专利文献	标准文献	科技报告	学位论文	其他
模具设计与制造	（4）http：//www.micropat.com（Micro patent），世界上最大的网上专利作站地址，可免费获取 1974 年以来的所有美国专利文献，1992 年以来的欧洲专利和 1988 年以来的世界专利 （5）http：//www.patents.ibm.com/ibm.htlm，IBM 公司 1997 年 1 月推出网上免费查询美国专利全文信息的数据库。收录了 1971～1973 年的部分专利和 1974 年的美国商标（USPTO）公布的所有专利文献，约有 200 多万件 （6）http：//www.delphion.com（IBM 知识产权信息网），可检索美国专利数据库、日本专利数据库、欧洲专利数据库和 PCT 国际专利数据库 （7）http：//www.jpo.go.jp（日本专利数据库），收录自 1994 年以来公开的日本专利的题录和摘要，提供日、英两种语言检索 （8）http：//www.patensl.ic.gc.ca（加拿大专利数据库），收录了近 75 年来的 130 多万件加拿大专利，包括全文本利图形 （9）世界知识产权组织数字图书馆（IPDL），提供世界各国专利数据库检索，包括 PCT 国际专利数据库、中国专利英文数据库、印度专利数据库、美国专利数据库、加拿大专利数据库、欧洲专利数据库、法国专利数据库、JOPAL 科技期刊数据库、DOPALES 专利数据库、MADRID 设计数据库等	（4）http：//www.bsi-global.com/index.xalter（BSI 英国标准学会），该站点覆盖有关 BSI 所用用出版物，包括产品、规格、性能描述，并提供英国国家标准详细信息的检索 （5）http：//www2.beuth.de（DIN 德国标准化学会），德国的标准化主管机关，提供德国国家标准的检索 （6）http：//www.jsa.or.jp（JIS 日本工业标准调查会），负责管理调查会全部业务审查 JIS 标准草合计划，负责审查 JIS 标准草案，提供日本国家标准的检索 （7）http：//www.asme.org（ASME 美国机械工程师协会），从事发展机械工程及有关领域的科学技术，开展标准化活动，指定机械规范和标准。该站点提供美国机械标准的信息和一些标准研究报告，同时提供标准检索服务 （8）http：//www.astm.org（ASTM 美国材料与实验协会），致力于制定各种材料的性能和实验方法标准，包括标准规格、实验方法、分类、定义、操作规程及有关建议。该网站提供 ASTM 标准的检索、标准年度手册、标准在线定购、光盘产品服务、标准跟踪服务等	（2）http：//www.sti.nasa.gov/STI-home-page.html：rjwab（NASA STI 科技信息服务网），内容包括 300 多万篇有关航空航天及其相关的文献信息，对外公开的资料中有一些是关于化学、材料、生命科学等方面的研究报告，这些报告可用匿名 ftp：ftp.sti.nasa.gov 或 gopher.sti.nasa.gov 获取	用户可直接在网上使用信用付费获得到 DOF 文件，其他地区的用户一般采用通过帐户付款方式，1～2 周内由 UMI 公司通过邮寄或快递向用户提供原文复制件。同时提供网上全文订购服务	

参考文献

[1] 林清安. Pro/E2001 零件设计 [M]. 北京：北京大学出版社，2001.

[2] 二代龙震工作室. AutoCAD2004 机械设计高级应用 [M]. 北京：电子工业出版社，2004.

[3] 林清安. Pro/E2001 零件装配与产品设计 [M]. 北京：清华大学出版社，2001.

[4] 夏琴香. 冲压成形工艺及模具设计 [M]. 广州：华南理工大学出版社，2004.

[5] 史铁梁. 模具设计指导 [M]. 北京：机械工业出版社，2003.

[6] 陈志刚. 塑料模具设计 [M]. 北京：机械工业出版社，2003.

[7] 王树勋. 模具实习技术设计综合手册 [M]. 广州：华南理工大学出版社，2003.

[8] 李双义. 冷冲模具设计 [M]. 北京：清华大学出版社，2002.

[9] 李学锋. 模具设计与制造实训教程 [M]. 北京：化学工业出版社，2005.

[10] 蒋继宏. 注塑模具典型结构 100 例 [M]. 北京：中国轻工业出版社，2000.